开关柜故障检测与处理

主编　刘兴华

中国电力出版社
CHINA ELECTRIC POWER PRESS

内 容 提 要

本书从35kV及以下的开关柜运行维护工作中选取了29个典型的故障案例进行分析与处理，按照故障类型分为开关柜穿柜套管放电典型案例，开关柜穿柜套管均压弹簧损坏典型案例，开关柜内母线放电典型案例，开关柜内引线、连接件放电典型案例和开关柜内其他类型放电典型案例五大类，每个案例包括故障经过、检测分析方法、隐患处理情况、经验体会等内容。

本书案例可供35kV及以下开关柜运行维护借鉴。

图书在版编目（CIP）数据

开关柜故障检测与处理典型案例 / 刘兴华主编. —北京：中国电力出版社，2020.6
（讲案例学技能）
ISBN 978-7-5198-4577-3

Ⅰ. ①开… Ⅱ. ①刘… Ⅲ. ①开关柜–故障检测–案例 Ⅳ. ①TM591.07

中国版本图书馆CIP数据核字（2020）第065841号

出版发行：中国电力出版社
地　　址：北京市东城区北京站西街19号（邮政编码100005）
网　　址：http://www.cepp.sgcc.com.cn
责任编辑：马淑范（010-63412397） 曹　慧
责任校对：黄　蓓　王海南
装帧设计：张俊霞
责任印制：杨晓东

印　　刷：三河市万龙印装有限公司
版　　次：2020年6月第一版
印　　次：2020年6月北京第一次印刷
开　　本：710毫米×1000毫米　16开本
印　　张：10.5
字　　数：189千字
印　　数：0001—3000册
定　　价：60.00元

本书编委会

本书编写工作组

主　　编　刘兴华

副 主 编　刘　林　孙　鹏

编写人员　郝　建　崔　川　乔　恒　韩　旭
赵庆胜　李　鑫　姜晓东　李　飞
彭　克　赵彦龙　于　洋　白梓永
崔天宝　杨　光　崔汉斌　朱　波
杨光伟　刘洪军　王　昊　于　琼
禹建锋　房　悦　常建军　朱孟兆
王　军　李思毛　张　晓　郑春旭
张　聪　于　芃　张　用　孔　刚
胡元潮　安韵竹　裴　英　汪　可
郑含博　张镱议　刘捷丰　周天春
张福州　周加斌　翟进乾　伍飞飞
齐超亮　王磊磊　胡　刚　彭庆军
孙立新　王世儒　刘泽辉　吴　哲

前 言

开关柜作为电力系统中重要的电气设备之一，对电网的安全可靠运行至关重要。随着电网建设的飞速发展，其重要性日益突出，为提高对开关柜故障的处理及分析能力，我们编写了本书。

本书翔实阐述了35kV及以下开关柜故障案例过程、检测分析方法、隐患处理情况以及经验体会。本书从大量开关柜故障、异常案例出发，详细介绍发现问题的检测方法以及手段，分析整个过程，提供处理方法，在此基础上，加入带电检测等新型先进检测方法，结合例行试验诊断分析，综合数据融合，分析开关柜健康状况，并提出行之有效的处理措施。

由于时间仓促，加之编者水平有限，书中错误和不足之处在所难免，敬请专业同行和专家给予批评指正。

编 者

2019年6月

目 录

第一篇　开关柜穿柜套管放电典型案例

案例1 某供电公司110kV某变电站35kV分段300、301间隔开关柜穿柜套管放电检测

1 案例经过

110kV某变电站35kV分段300－1间隔开关柜于2009年1月投运。2015年11月10日，变电某室电气试验人员在该站进行开关柜带电测试时，发现300、300－1开关柜后底部，超声波及特高频均有放电，超声14dB，TEV背景30dB，300间隔后侧下部44dB，300－1后侧下部37dB，决定及时上报并按期跟踪测试。

2016年4月11日，对该站35kV开关室Ⅰ段母线停电进行检查，发现300间隔B相穿柜套管均压弹簧及穿柜套管内壁均存在明显的黑色放电痕迹，均压弹簧因放电已出现明显的烧损和焦灼情况，套管内壁导电层放电位置呈现洞状，判断为穿柜套管内均压弹簧与套管内壁接触不良形成悬浮电位而造成放电。随后将穿柜套管和套管内部的均压弹簧进行了更换。

2 检测分析方法

2015年11月10日，试验人员首先利用暂态地电波、超声波对35kV开关柜进行测试，测试结果见表1－1。

表1－1　35kV各间隔开关柜地电压（TEV）及超声波测量数据　单位：dB

设备名称	暂态地电压测试数据（相对金属值）						超声波局部放电检测结果	
	前上	前中	前下	后上	后中	后下	前	后
300间隔柜	13	11	14	23	23	44	3	3
301间隔柜	18	15	17	29	26	37	4	7
311间隔柜	10	11	12	15	11	15	3	－2
312间隔柜	11	12	9	12	12	11	－2	1
313间隔柜	10	11	12	15	11	15	3	－2
321间隔柜	11	12	9	12	12	11	－2	1
322间隔柜	10	11	12	15	11	15	3	－2
323间隔柜	11	12	9	12	12	11	－2	1

注　暂态地电压（TEV）背景值为30dB，超声波测试空气背景值为－6dB。

从表 1－1 中暂态地电压及超声波检测数据可以看出，该开关室存在异常放电信号，异常部位应位于 300、301 间隔，之后采用特高频法进行放电位置定位。测试信号相位分布特征明显，工频的正负半周上均存在一个脉冲簇，放电脉冲个数和幅值基本对称，与典型的悬浮电极放电特征相似，应为悬浮电极放电类型。

为确定放电源在 300、301 间隔柜中的大致位置，采用特高频时间差法进行定位分析，在开关柜的上端和下端分别安放一个特高频传感器，上端的传感器标识为紫色，下端的传感器标识为绿色。紫色标识的特高频信号在时间上超某绿色标识的特高频信号，因而，特高频信号源应该靠近开关柜的上端。

为进一步确定放电源的位置，紫色标识的传感器位置保持不变，将绿色标识的传感器放置在开关柜的顶部，对放电源进行进一步特高频时间差定位。

由测试结果可以看到，紫色标识的特高频信号在时间超某绿色标识的特高频信号，因而，特高频信号应靠近开关柜顶部，结合体开关柜顶部的结构，可以初步判断放电信号应源于开关柜顶部套管。

3　隐患处理情况

2015 年 12 月 21 日，对某站 35kV 开关室 I 段母线停电进行检查，如图 1－1 所示，发现 300、301 间隔 B 相穿柜套管均压弹簧及套管内壁均存在明显黑色放电痕迹，均压弹簧因放电已出现明显焦灼和形变，套管内壁导电层放电位置呈现洞状，如图 1－2、图 1－3 所示。

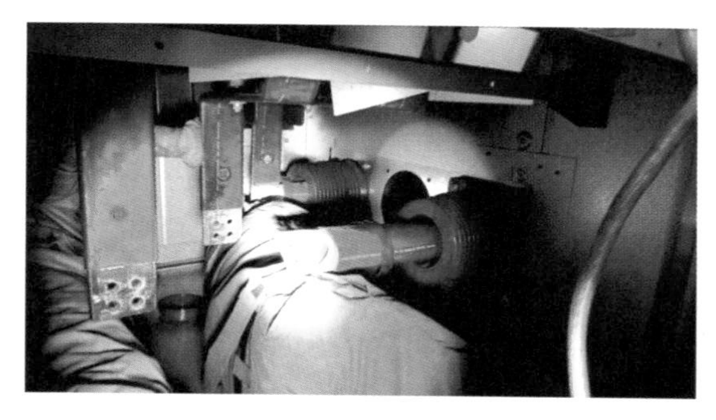

图 1－1　对 300、301 间隔穿柜套管进行检查拆解

对拆下的均压弹簧进行检查，如图 1－4 所示，发现老式的均压弹簧没有弹性，随着开关柜的长时间运行，均压弹簧由于材质老化导致尾端下垂，尾端与套管内壁之间出现缝隙，继而弹簧与套管内壁之间产生电位差，造成套管内部电场分布不均，弹簧对套管内壁放电。因此，将原来的均压弹簧更换为新式的具有强力弹性的不锈钢材质的均压弹簧，确保运行过程中弹簧与套管内壁可靠接触，如图 1－5 所示，

达到套管内部等电位的条件，消除了放电隐患。

图 1-2　300、301 间隔 B 相穿柜套管内侧烧损情况

图 1-3　300、301 间隔 B 相穿柜套管均压弹簧烧损情况

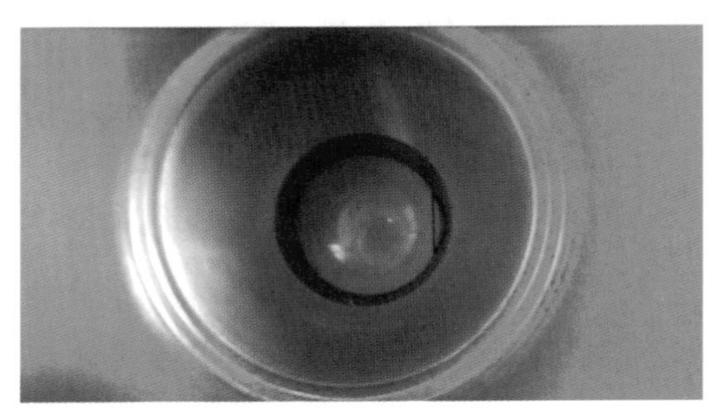

图 1-4　更换的新套管和均压弹簧（一）

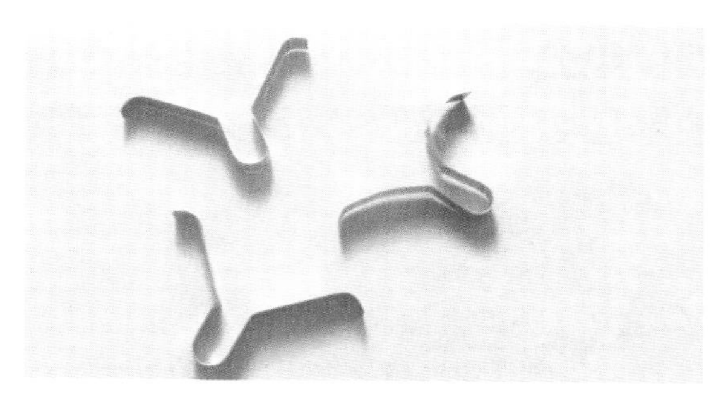

图 1-4　更换的新套管和均压弹簧（二）

图 1-5　处理后新式均压弹簧可靠连接桥母排与套管内壁

4　经验体会

这种穿柜套管内均压弹簧的固定方式不是很合理，随着开关柜运行时间的积累，势必会造成均压弹簧固定松懈，导致均压弹簧及穿柜套管内壁接触不良，形成悬浮电位。因此，对存在这种穿柜套管结构的开关柜应加强关注，发现有异常放电信号时，缩短测试周期进行跟踪测试，必要时进行停电更换。

案例2 某供电公司220kV某变电站35kV开关柜暂态地电压、超声波、特高频综合带电检测

1 案例经过

220kV某变电站35kV开关柜设备于2008年1月投运，至今已运行8年。

2016年1月13日，某供电公司变电某室电气试验班人员在对220kV某变电站进行带电检测时，测得35kVⅡ母线开关柜附近特高频数据异常，为定位其放电位置，电气试验人员利用华乘T90局部放电测试仪分别采用超声波、暂态地电压以及特高频综合检测手段进行仔细检测。结果显示35kV某Ⅱ线321开关柜超声波幅值为14.3mV，且图谱呈现出悬浮电位放电特征，需要尽快安排停电对其进行处理。

3月30日，变电某室对35kVⅡ母线开关柜进行停电处理，打开开关柜进入检查发现，35kV分段300开关柜、35kV某Ⅱ线321开关柜及35kV备用6线开关柜母线C相弹簧与穿柜套管内壁接触位置存在明显的放电痕迹，经过更换弹簧以及打磨穿墙套管等处理后于3月30日晚恢复送电，随即，电气试验人员对该母线重新进行复测，异常数据消失。

2 检测分析方法

某供电公司变电某室电气试验班检测人员使用暂态地电压、超声、特高频综合检测的手段对220kV某变电站35kVⅡ母线开关柜进行带电检测。检测异常数据图及检测结果见表2-1。

表2-1 综合检测数据（温度/湿度：1℃/48%） 单位：dB

序号	开关柜名称	暂态地电压检测					超声波		特高频
		前中	前下	后上	后中	后下	前	后	
1	1号站用电	60	57	60	57	59	-7	-6	正常
2	1号主变压器301	59	58	56	59	58	-6	-5	正常
3	1TV	56	60	56	57	60	-5	-7	正常
4	某Ⅱ线321	59	58	59	57	59	-6	-5	异常
5	某线323	50	60	53	56	57	-3	-4	正常
6	2号站用电	54	54	52	57	60	-7	-6	正常
7	2号主变压器302	59	56	56	59	58	-5	-5	正常

续表

序号	开关柜名称	暂态地电压检测					超声波		特高频
		前中	前下	后上	后中	后下	前	后	
8	2TV	56	59	59	57	52	−4	−4	正常
9	分段 304	59	58	57	57	55	−5	−6	正常
10	3TV	57	59	57	56	58	−4	−5	正常
11	某 1 线 314	54	52	56	55	58	−5	−6	正常
12	某 2 线 324	55	52	56	57	54	−7	−6	正常
13	1 号电容器 315	56	53	57	54	55	−7	−7	正常

注　1. 检测背景：金属 TEV，60dB；空气超声，−7dB；空气特高频，0dB。
　　2. 金属背景为 60dB，现场地电波信号干扰大。

由表 2−1 可见，35kV 某Ⅱ线 321 开关柜特高频信号存在异常，电气试验人员又对其进行了精确测试。

（1）TEV（暂态低电压）检测：金属背景为 60dB，现场地电波干扰较大，某Ⅱ线 321 开关柜最大值为 59dB。测试图谱如图 2−1 所示。

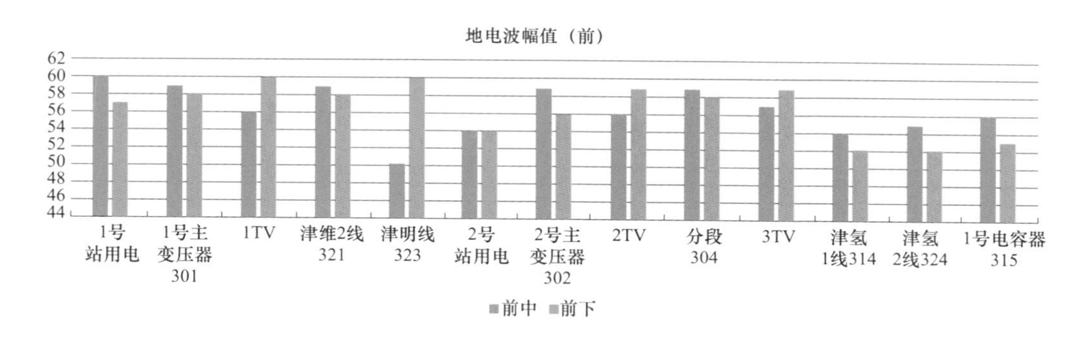

图 2−1　35kV 开关柜暂态低电压图谱

（2）超声波检测：采用超声波检测技术对35kV开关柜进行检测，检测图谱如图2-2所示。

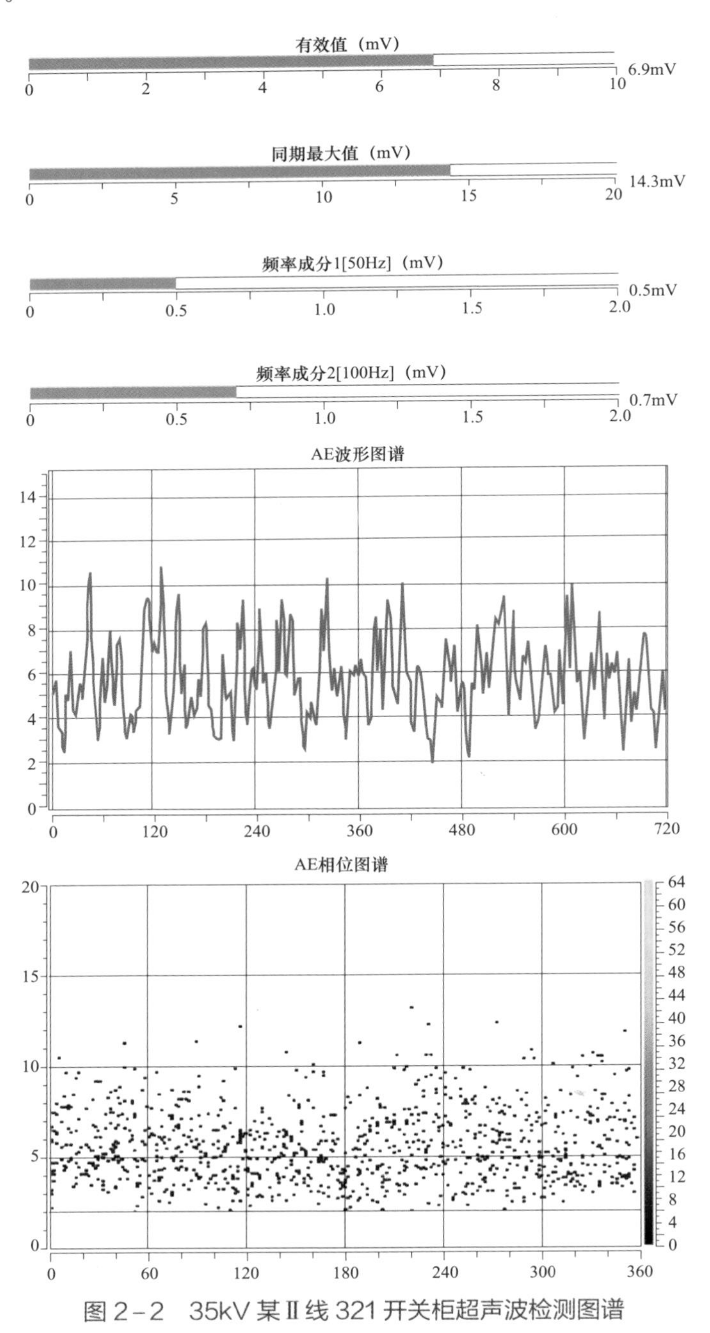

图2-2　35kV某Ⅱ线321开关柜超声波检测图谱

由图 2－2 可见，超声波幅值为 14.3mV，根据《某电力公司变电设备带电检测工作实施细则》中规定，超声波幅值大于 8dB 即存在放电信号，且数值大于 15dB 为缺陷状态，此处幅值为 14.3mV，已接近缺陷状态，且频率成分 1 幅值为 0.5mV，频率成分 2 幅值为 0.7mV。超声信号较强且具有一定的周期性，频率成分 1（50Hz 相关性）、频率成分 2（100Hz 相关性）信号明显，频率成分 2（100Hz 相关性）明显大于频率成分 1（50Hz 相关性），具有悬浮电位放电特征。

（3）特高频检测：特高频测试过程中，在 35kV 某Ⅱ线 321 开关柜后方观察窗处发现特高频信号，特高频信号异常处理见图 2－3，信号图谱如图 2－4 所示。特高频 PRPD/PRPS 周期图谱显示在工频相位的正、负半周均出现特高频脉冲信号，且具有一定对称性，放电信号幅值较大，信号较强。

图 2－3　特高频信号异常处理

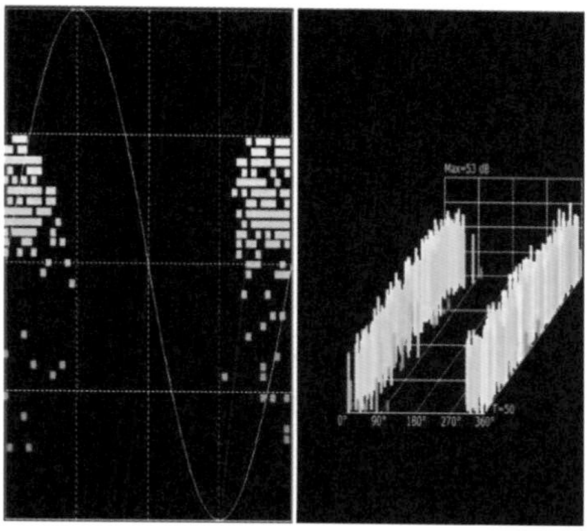

图 2－4　异常特高频 PRPS/PRPD 图谱

（4）初步结论：综合暂态地电压、超声波及特高频信号检测情况，初步判断 35kV 某Ⅱ线 321 开关柜内部存在悬浮电位放电。

3　隐患处理情况

2016 年 3 月 30 日，变电某室变电某一班工作负责人办理变电站第一种工作票。在运维人员对设备停电并做好安全措施后，对开关柜内部进行检查，发现 35kV 分段 300、35kV 某Ⅱ线 321 及 35kV 备用 6 线 322 开关柜上部母线室 C 相母排的 2 只均压弹簧与穿柜套管内壁接触位置存在明显的放电痕迹（见图 2－5），均压弹簧已出现烧伤（见图 2－6），套管内壁也能看到凹状的放电痕迹（见图 2－7），母排均压弹簧安装孔表面有铜绿生成。

图 2－5　均压弹簧与穿柜套管内壁接触位置的放电痕迹

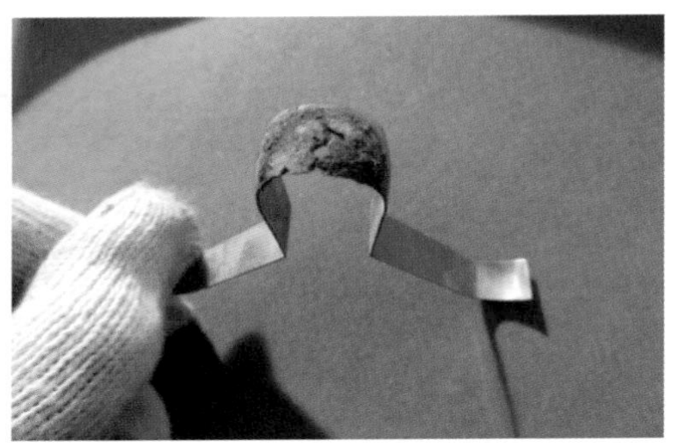

图 2－6　均压弹簧放电烧伤情况

对放电原因进行分析，判断主要是由于开关柜运行时间长，母线室内的均压弹簧夹紧力不足，运行中均压弹簧出现松动，导致弹簧与套管内壁之间存在间隙，导致弹簧片与套管内壁有电位差产生，长时间的运行后，弹簧对发生套管放电。

将 35kV 分段 300、35kV 某Ⅱ线 321 及 35kV 备用 6 线 322 主母排拆除，更换了结构形状更为合理的 G 形均压弹簧，如图 2－8 所示，并用砂纸将两个穿柜套管内壁进行了打磨等一系列操作后，于 3 月 30 日晚恢复送电。

图 2－7　穿柜套管放电痕迹

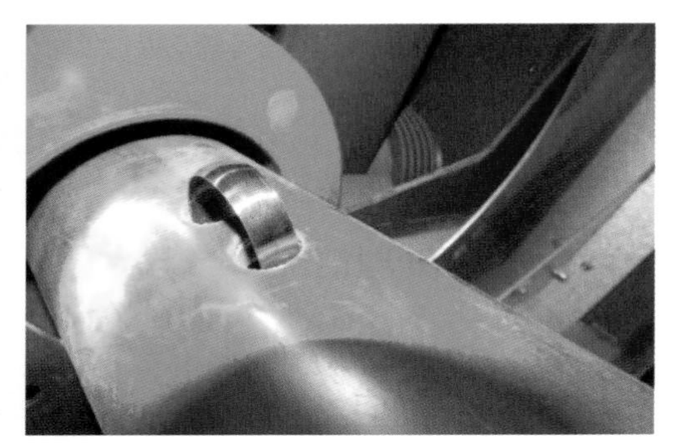

图 2－8　更换后的穿柜套管

处理结束后，再次对 35kVⅡ母线开关柜进行检测，检测结果见表 2－2。

表 2-2　　某后开关柜综合检测数据（温度/湿度：14℃/50%）　　单位：dB

序号	开关柜名称	暂态地电压检测					超声波		特高频
		前中	前下	后上	后中	后下	前	后	
1	1 号站用电	59	56	55	57	58	-7	-7	正常
2	1 号主变压器 301	58	57	55	58	57	-7	-4	正常
3	1TV	57	61	54	56	61	-4	-8	正常
4	某Ⅱ线 321	58	57	58	54	58	-7	-5	正常
5	某线 323	50	61	52	55	58	-4	-3	正常
6	2 号站用电	52	55	53	56	61	-7	-6	正常
7	2 号主变压器 302	58	57	57	58	59	-6	-6	正常
8	2TV	54	58	58	58	53	-4	-4	正常
9	分段 304	58	57	56	56	54	-4	-6	正常
10	3TV	56	58	58	55	57	-4	-5	正常
11	某 1 线 314	55	51	57	54	58	-4	-7	正常
12	某 2 线 324	54	51	55	58	55	-6	-5	正常
13	1 号电容器 315	54	52	57	54	57	-7	-8	正常

注　1. 测试背景：金属 TEV，61dB；空气超声，-7dB；空气特高频，0dB。
　　2. 金属背景为 61dB，现场地电波信号干扰大。

经检测，220kV 某变电站 35kVⅡ母线放电缺陷消除。

4　经验体会

（1）某地区此种类型的开关柜弹簧结构还有很多，在今后的工作中，电气试验班将加强对带电检测手段的重视和利用，重点对此类开关柜进行针对性检测，尽早发现设备隐患，及时消除缺陷。

（2）带电检测可以有效发现开关柜内设备绝缘缺陷，测试时应注意超声波、特高频及暂态地电压检测手法的联合应用，保证测试结果的全面性、准确性。

案例3 某供电公司220kV某变电站2号主变压器302开关柜局部放电

1 案例经过

某变电站35kV设备于2004年8月投运，高压开关柜型号为KYN61－40.5。2005年10月9日，电气试验班带电检测小组在对某站进行专业的带电检测工作，发现35kV高压室内302间隔开关柜有异常放电信号。后进行精确定位，发现放电源位于302间隔柜内部，放电信号源位置靠近开关柜后侧中上部。10月22日，将2号主变压器停电，变电人员立即对2号主变压器低压母线桥及开关柜进行检查处理，并通过常规的电气试验及紫外探伤检测手段发现35kV 302间隔开关柜内后中上位置A、B相穿板套管存在电晕放电现象，套管表面脏污严重，经过处理后送电复测，开关柜内局部放电信号消失。

2 检测方法分析

2015年10月9日，带电检测工作人员采用暂态低电压对35kV开关柜进行局部放电检测，发现302间隔有局部放电信号，并且相对于相邻的开关柜，302间隔的开关柜TEV信号最强，随后检测人员对302间隔及相邻开关柜的所有位置进行了检测，检测结果见表3－1。

表3－1　开关柜TEV检测记录（背景值7dB）　单位：dB

间隔	暂态地电压（TEV）检测结果									
	前中		前下		后上		后中		后下	
	测量值	相对值	测量值	相对值	测量值	相对值	测量值	相对值	测量值	相对值
326	25	18	26	19	26	19	25	18	25	18
302	27	20	28	21	32	25	31	24	31	24
3－59	27	20	26	19	26	19	26	19	24	17

根据国家电网公司《电力设备带电检测技术规范》的要求，暂态地电波检测其相对值大于20dB可判断为异常。从表3－1可以看出，302间隔的所有位置相对值均大于20dB，特别是在开关柜的后部位置以及母线桥进入高压室的穿墙套管位置相对值最大，初步判断放电信号在开关柜的后方及穿墙套管位置。为了更进一步确定放电信号源位置，检测人员采用特高频时间差法进行定位分析。

首先将标示为红色特高频传感器贴在其右侧相邻间隔开关柜后方，标示为绿色特高频传感器贴在 302 间隔开关柜后方，定位结果如图 3－1 所示。

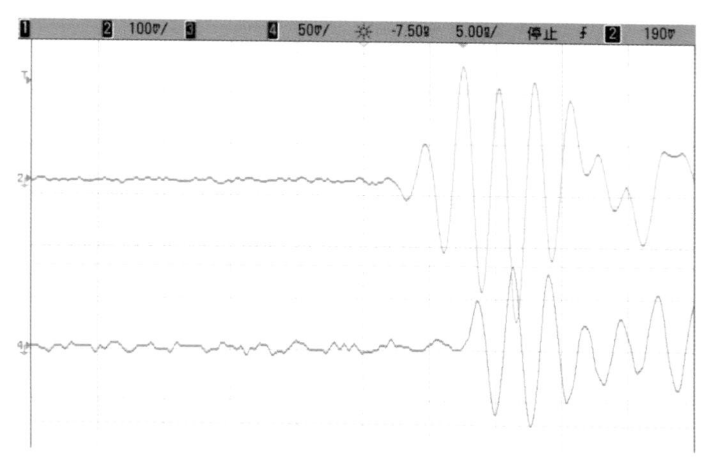

图 3－1　定位测试结果

由图 3－1 可以看到，绿色标识的特高频信号在时间上超某红色标识的特高频信号，因而，放电信号应源自 302 间隔柜后方。

为了确定信号源的具体位置，检测人员进行了多次定位，最终确定了信号源的具体位置在后柜门的中上方以及穿墙套管的位置，如图 3－2 所示。

图 3－2　定位测试位置

3　缺陷处理情况

10 月 22 日，根据调度指令安排某站 2 号主变压器停电，变电站第一种工作票

302 间隔开关柜进行缺陷处理。

打开开关柜的后柜门以及母线桥进入到高压室内的封闭柜门，外观检查并未发现任何放电痕迹。随后电气试验班工作人员对母线桥电容型穿墙套管进行了绝缘电阻及介质损耗试验，试验结果见表 3－2。

表 3－2　　穿墙套管绝缘电阻及介质损耗试验记录

项目名称	A	B	C
绝缘电阻（MΩ）	10 000	10 000	10 000
介质损耗因数（%）	0.12	0.13	0.12
电容量（pF）	116	112	113

试验结果显示穿墙套管的各项数据均在合格范围之内。为了找出放电点，电气试验班工作人员决定对母线桥施加电压，模拟其运行状态，并采用紫外探伤仪器检测具体放电点。在电压升到 40kV 时，试验人员发现 302 开关柜后上方 A 相、B 相穿板套管有明显的放电现象，如图 3－3 所示。

图 3－3　A、B 两相紫外探伤记录

从图 3－3 可以看出，A、B 两相具有明显的放电现象，并且放电现象严重，而 C 相增益已达到 200（见图 3－4），却没有一点放电现象，最终放电点确定在 A、B 两相穿板套管位置，与最初的定位位置基本一致。

通过检查发现 A、B 两相的穿板套管表面有明显的脏污现象，且非常严重，现场分析是因为 A、B 两相套管表面脏污引起的放电。对脏污的套管进行了清洁擦拭，并涂上 RTV 防污闪涂料。处理完毕后对其加压，并复测紫外，结果一切正常。测试结果如图 3－5、图 3－6 所示。

图 3-4　C 相紫外探伤记录

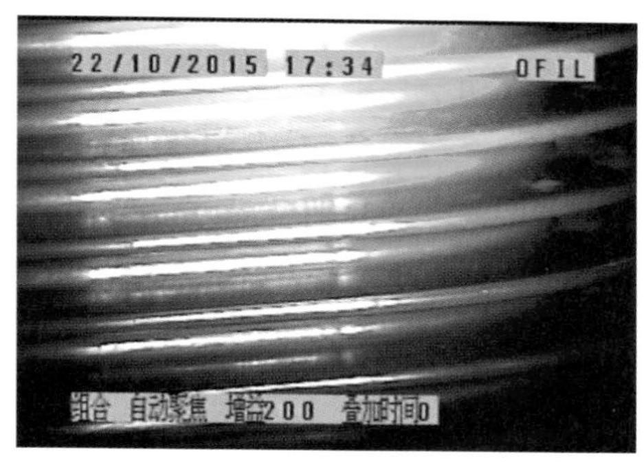

图 3-5　A 相紫外复测结果

图 3-6　B 相紫外复测结果

送电后再次对 302 间隔做暂态低电压检测，幅值均在正常范围之内（背景值 7dB），检测结果见表 3-3。

表 3-3　　处理后测试结果　　单位：dB

间隔	暂态地电压（TEV）检测结果									
	前中		前下		后上		后中		后下	
	测量值	相对值	测量值	相对值	测量值	相对值	测量值	相对值	测量值	相对值
302	10	3	9	2	11	4	11	4	10	3

4　经验体会

（1）局部放电检测可以有效发现开关柜内设备绝缘缺陷，测试时应注意超声波、特高频等不同检测方式的联合应用，保证测试结果的全面性。

（2）紫外电子光学探伤仪可远距离、高效、安全、可靠地确定电力绝缘检测中的许多问题，可以检测可见光范围外人眼不可见的电晕放电和局部放电，通过反映出空间电场的分布，发现引起电场异常的设备缺陷。

案例4 某供电公司220kV某变电站1号变压器301开关柜进柜套管放电检测

1 案例经过

220kV某变电站35kV开关柜于2010年投运。2015年4月28日，变电某室电气试验人员在该站进行开关柜带电测试时发现，301间隔柜附近存在明显异常的放电信号，放电信号幅值较小，决定后期进行定期测试。2015年10月19日，变电某室电气试验人员再次对该站开关柜进行带电测试，发现301间隔柜附近依然存在异常放电信号，且该信号幅值较强，建议适时安排停电。

2015年12月21日，对某站35kV开关室Ⅰ段母线停电进行检查，发现301间隔B相穿柜套管均压弹簧及穿柜套管内壁均存在明显黑色放电痕迹，均压弹簧因放电已出现明显豁口，套管内壁导电层放电位置呈现洞状，判断为穿柜套管内均压弹簧与套管内壁接触不良形成悬浮电位造成放电。随后对穿柜套管进行更换，并采用新型均压弹簧。

2 检测分析方法

2.1 第一次测试（2015年4月28日）

2015年4月28日试验人员首先利用暂态地电波、超声波对35kV开关柜进行测试，测试结果见表4-1。

表4-1 35kV各间隔开关柜地电压（TEV）及超声波测量数据 单位：dB

设备名称	暂态地电压测试数据（相对金属值）						超声波局部放电检测结果	
	前上	前中	前下	后上	后中	后下	前	后
311间隔柜	8	8	9	10	10	9	-6	-6
312间隔柜	8	9	9	10	10	9	-6	-6
313间隔柜	9	8	9	11	10	9	2	-1
314间隔柜	11	10	9	16	14	14	1	1
35P1间隔柜	13	11	14	23	23	18	3	3
301间隔柜	18	15	17	29	26	20	4	7
35C1间隔柜	15	11	14	26	21	19	5	3
35C2间隔柜	12	9	11	18	16	19	2	-1

续表

设备名称	暂态地电压测试数据（相对金属值）						超声波局部放电检测结果	
	前上	前中	前下	后上	后中	后下	前	后
35C3 间隔柜	10	11	12	15	11	15	3	-2
35B1 间隔柜	11	12	9	12	12	11	-2	1
300-1 刀闸间隔柜	10	9	9	12	12	12	-4	-6
300 开关间隔柜	11	9	9	10	13	13	-6	-6
321 间隔柜	10	9	9	11	8	9	-6	-6

注　暂态地电压（TEV）背景值为 8dB，超声波测试空气背景为 -6dB。

从表 4-1 可以看出，该开关室存在异常放电信号，异常部位应位于 301 间隔，之后采用特高频法进行放电位置定位。测试信号相位分布特征明显，工频的正负半周上均存在一个脉冲簇，放电脉冲个数和幅值基本对称，与典型的悬浮电极放电特征相似，应为悬浮电极放电类型。

为确定放电源在 301 间隔柜中的大致位置，采用特高频时间差法进行定位分析，在开关柜的上端和下端分别安放一个特高频传感器，上端的传感器标识为紫色，下端的传感器标识为绿色。

测试结果显示，紫色标识的特高频信号在时间上超某绿色标识的特高频信号，因而，特高频信号源应该靠近开关柜的上端。

为进一步确定放电源的位置，如图 4-1 所示，紫色标识的传感器位置保持不变，将绿色标识的传感器放置在开关柜的顶部，对放电源进行进一步特高频时间差定位。

图 4-1　特高频时间差定位测试结果

由图 4-1 中测试结果可以看到，紫色标识的特高频信号在时间超某绿色标识的特高频信号，因而，特高频信号应靠近开关柜顶部，结合体开关柜顶部的结构，可以初步判断放电信号应源于开关柜顶部套管。

2.2　第二次测试（2015 年 10 月 19 日）

2015 年 10 月 19 日试验人员再次对 35kV 开关柜进行测试，暂态地电波、超声波测试数据见表 4-2。

表 4-2　35kV 各间隔开关柜地电压（TEV）及超声波测量数据　单位：dB

设备名称	暂态地电压测试数据（相对金属值）						超声波局部放电检测结果	
	前上	前中	前下	后上	后中	后下	前	后
311 间隔柜	10	10	11	10	10	10	-6	-6
312 间隔柜	11	10	10	11	11	10	-6	-6
313 间隔柜	11	12	11	10	12	12	1	-1
314 间隔柜	13	15	12	16	15	15	2	4
35P1 间隔柜	18	16	16	28	26	26	9	13
301 间隔柜	26	25	23	35	30	29	13	16
35C1 间隔柜	20	22	20	29	33	31	9	10
35C2 间隔柜	18	13	15	20	20	21	4	6
35C3 间隔柜	12	13	13	12	16	18	3	-2
35B1 间隔柜	13	13	12	14	14	15	1	2
300-1 刀闸间隔柜	12	13	12	11	11	13	-4	-6
300 开关间隔柜	14	13	11	11	14	15	-6	-6
321 间隔柜	11	11	12	11	11	11	-6	-6

注　暂态电压（TEV）背景值为 10dB，超声波测试空气背景为 -6dB。

随后进行特高频测试，如图 4-2、图 4-3 所示。

从第一次、第二次暂态地电压、超声波以及特高频测试来看，放电信号应源于开关柜顶部套管，并且第二次比第一次严重得多，需要尽快安排停电。

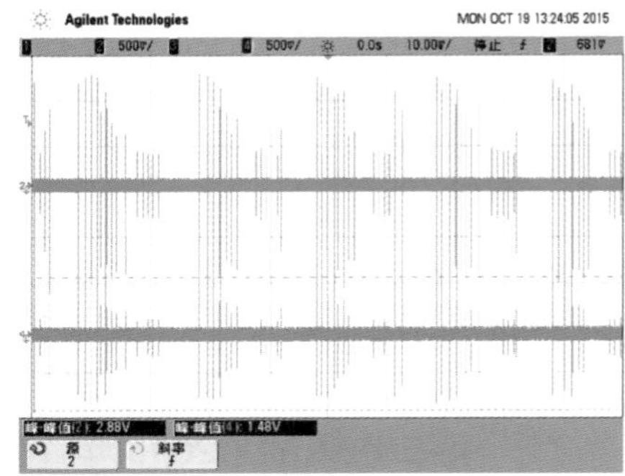

图 4-2　301 间隔上下不同位置特高频图谱

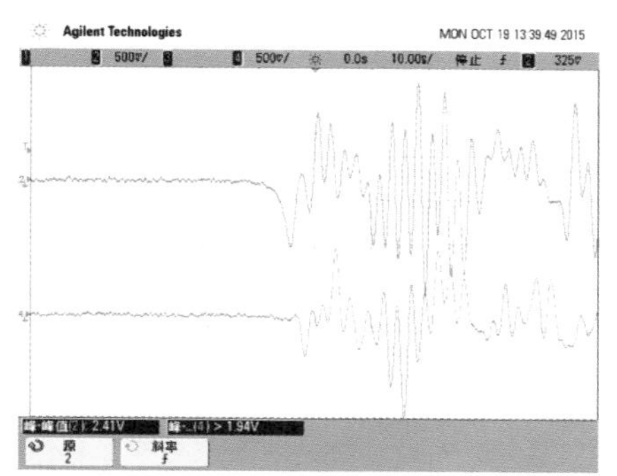

图 4-3　301 间隔上下不同位置特高频图谱时延分析

3　隐患处理情况

2015 年 12 月 21 日，对某站 35kV 开关室 I 段母线停电进行检查，发现 301 间隔 B 相穿柜套管均压弹簧及套管内壁均存在明显黑色放电痕迹，均压弹簧因放电已出现明显豁口，套管内壁导电层放电位置呈现洞状，如图 4-4～图 4-7 所示。

图 4-4　对 301 间隔进线套管进行检查

图 4-5　301 间隔 B 相进线套管导电层烧损情况（圈出部分）

某人员对拆下的均压弹簧进行检查，发现老式的均压弹簧没有弹性，随着开关柜的长时间运行，均压弹簧由于材质老化导致尾端下垂，尾端与套管内壁之间出现缝隙，继而弹簧与套管内壁之间产生电位差，造成套管内部电场分布不均，弹簧对套管内壁放电。因此将原来均压弹簧更换为新式的具有强力弹性的不锈钢材质的均压弹簧，确保运行过程中弹簧与套管内壁可靠接触，如图 4-8 所示，达到套管内部等电位的条件，消除放电隐患。

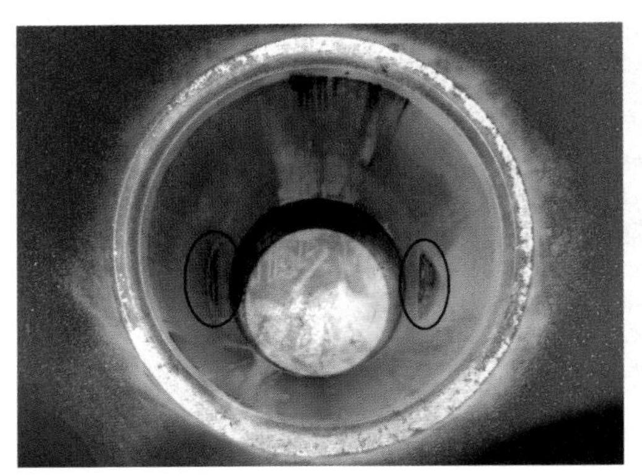

图 4－6　301 间隔 B 相进线套管导电层及
均压弹簧烧损情况（圈出部分）

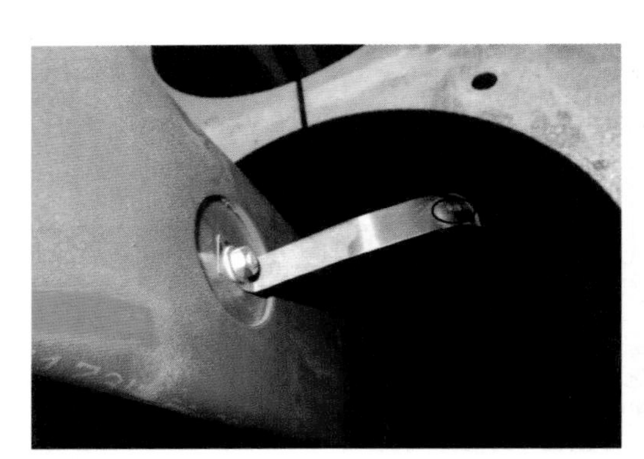

图 4－7　301 间隔 B 相进线套管均压弹簧烧损情况（圈出部分）

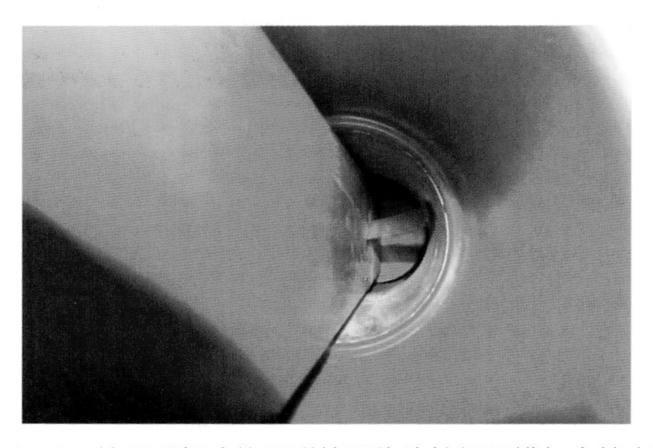

图 4－8　处理后新式均压弹簧可靠连接桥母排与套管内壁

4　经验体会

某供电公司这种穿柜套管内均压弹簧的固定方式不是很合理，随着开关柜运行时间的积累，势必会造成均压弹簧固定松懈，导致均压弹簧及穿柜套管内壁接触不良，形成悬浮电位。因此，对存在这种穿柜套管结构的开关柜应加强关注，发现有异常放电信号时，缩短测试周期进行跟踪测试，必要时进行停电更换。

案例5 某供电公司220kV某变电站35kV开关柜局部放电检测超标

1 案例经过

2015年12月16日，电气试验班人员在对某变电站进行带电检测的过程中，发现1号主变压器35kV进线303间隔开关柜超声波局部放电数据异常，经过开关柜暂态地电压局部放电测试、接触式超声波测试等多次复测，最终确定1号主变压器35kV进线303间隔开关柜内部存在严重的异常放电现象。停电检查发现开关柜内部存在严重的锈蚀现象，由于发现及时，避免了一起因开关柜内部锈蚀导致的绝缘缺陷引发的重大事故。

2 检测分析方法

2.1 检测基本信息（见表5-1）

表5-1 检测基本信息

1. 检测时间			
测试时间	2015年12月16日		
2. 测试环境			
环境温度	8℃	环境湿度	45%
3. 仪器信息			
仪器1	PDT-840-2局部放电测试仪	生产厂家	某电力设备股份有限公司
仪器2	Ultra TEV Plus+	生产厂家	英国仪安科技有限公司
仪器3	AIA100超声波局部放电检测仪	生产厂家	挪威Transinor公司
4. 被检测设备基本信息			
生产厂家	某电气设备有限公司	型号	KYN61-40.5
生产日期	2008年1月1日	投运日期	2008年10月7日

2.2 开关柜超声波局部放电测试

试验人员使用Ultra TEV Plus+局部放电测试仪超声波模式（非接触式超声波）进行测试。

（1）测试背景。在开关室空气中测量背景信号，如表5-2及图5-1所示。

表 5-2　　　　　　　　35kV 开关柜局部放电背景测试数据

测试位置 测试部位	开关室东侧	开关室西侧	开关室南侧	开关室北侧
幅值（dB）	0	1	1	0

从表 5-1 可以看出，超声波局部放电信号背景值最大为 1dB，附近无明显干扰信号。

（2）1 号主变压器 35kV 进线 303 间隔测试结果，如图 5-1 所示。

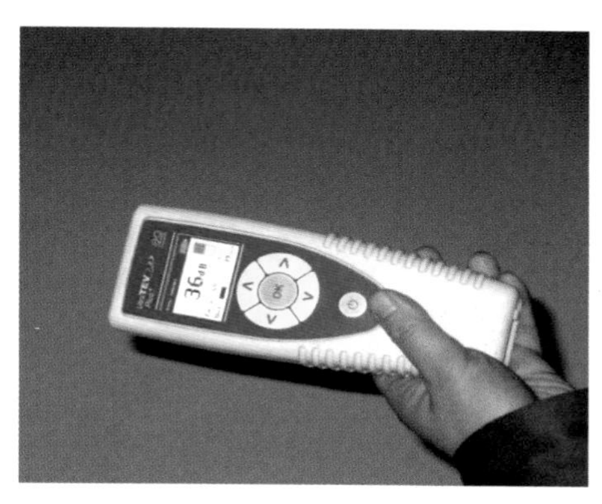

图 5-1　1 号主变压器 35kV 进线 303 间隔开关柜非接触式超声波测试图谱

从图 5-1 可以看出，超声波有效值为 36dB，初步判断开关柜内部存在异常放电。

2.3　开关柜暂态地电压局部放电测试

试验人员使用 Ultra TEV Plus+ 局部放电测试仪暂态地电压模式进行测试。

在开关室四周金属板上进行暂态地电压测试以获取背景信号，见表 5-3。

表 5-3　　　　　　　　35kV 开关柜局部放电背景测试数据

测试位置 测试部位	开关室东侧	开关室西侧	开关室南侧	开关室北侧
幅值（dB）	15	15	17	15

试验人员利用超声波 Ultra TEV Plus+ 局部放电测试暂态地电压模式对该开关柜进行了全面测试，在该开关柜前后侧均检测到了十分强烈的放电信号，测试结果如表 5-4 和图 5-2、图 5-3 所示。

表 5-4　1 号主变压器 35kV 进线 303 间隔开关柜局部放电测试数据　单位：dB

测试部位＼测试次数	第一次测试	第二次测试	第三次测试	第四次测试
前中	60	60	60	60
前下	60	58	60	60
顶部	58	60	60	60
后中	60	60	58	60
后下	60	60	60	60
后山	60	60	60	60

图 5-2　1 号主变压器 35kV 进线 303 间隔开关柜暂态地电压测试

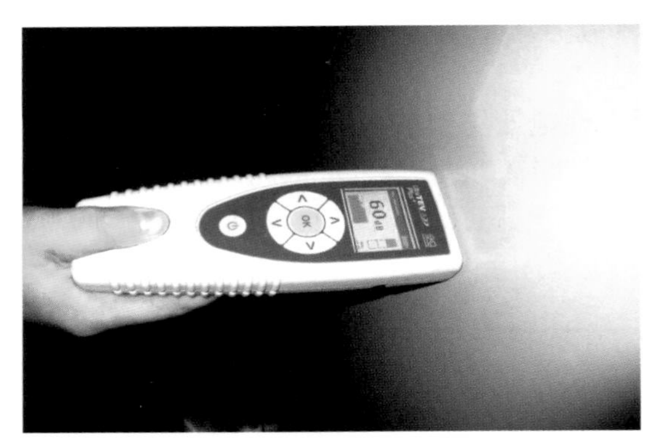

图 5-3　1 号主变压器 35kV 进线 303 间隔开关柜暂态地电压测试

测试结果显示 1 号主变压器 35kV 进线 303 间隔开关柜暂态地电压局部放电测试结果最高幅值为 60dB（量程最大值为 60dB），可以断定该间隔开关柜内部存在较为强烈的放电信号。

2.4　开光柜接触式超声波测试

试验人员使用超声波局部放电测试仪 AIA100 进行测试。

（1）测试背景。在空气中获取背景信号，如图 5–4、图 5–5 所示。

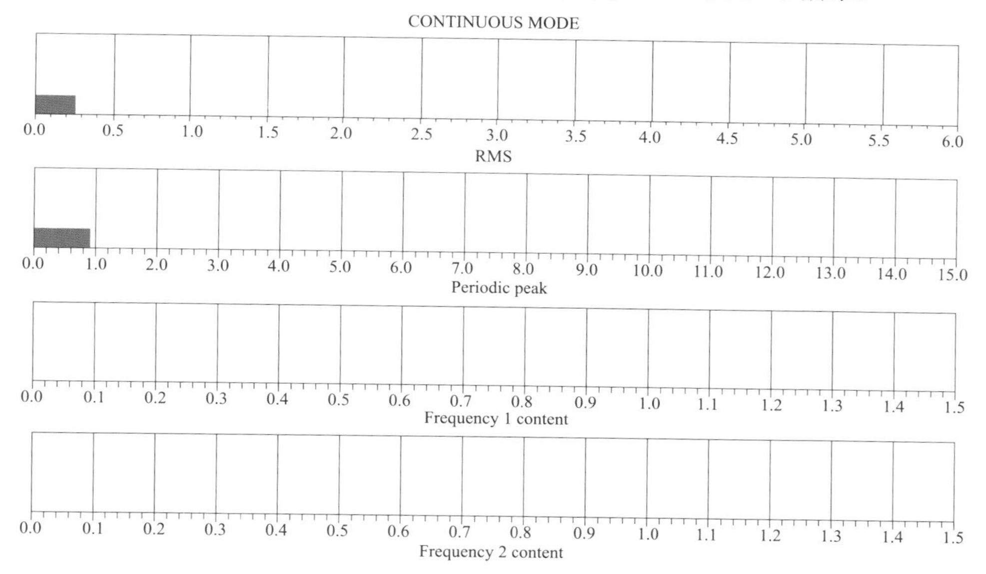

图 5–4　测试背景图谱—连续模式

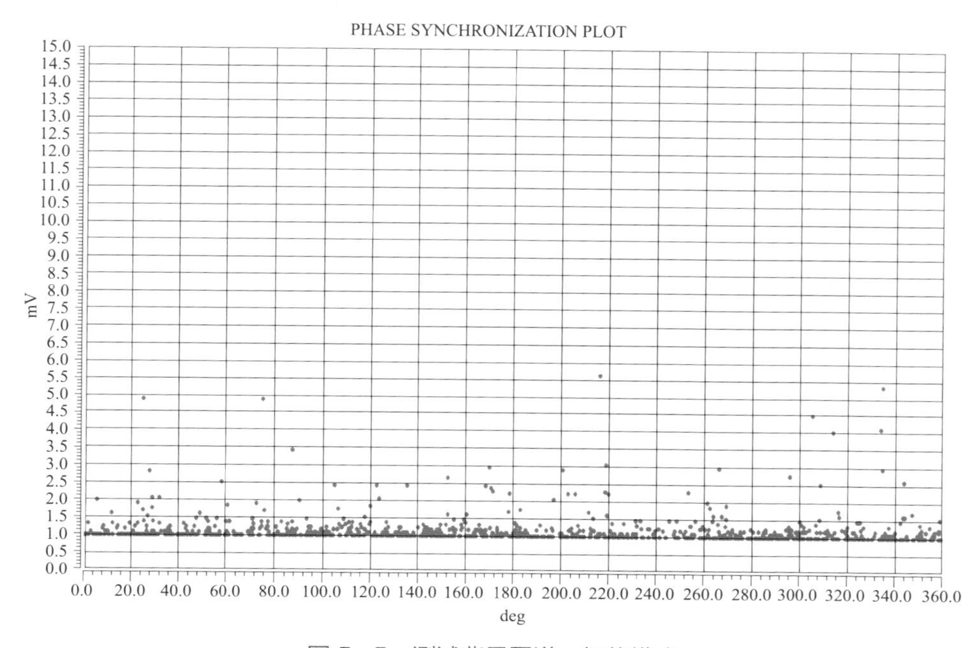

图 5–5　测试背景图谱—相位模式

从图 5－4 可以看出，各参量幅值 RMS（有效值）为 0.25mV，peak（峰值）为 0.8mV，50Hz 及 100Hz 相关性几乎为零；从图 5－5 可以看出背景幅值最大幅值为 5.5mV，信号分布均匀，无明显聚集点，不具备放电图谱特征。

（2）1 号主变压器 35kV 进线 303 间隔测试结果。试验人员利用超声波 AIA100 局部放电测试仪对 1 号主变压器 35kV 进线 303 间隔开关柜进行了全面测试，在开关柜上盖板处的测试数据显示柜内存在较为明显的放电现象，测试结果如图 5－6、图 5－7 所示。

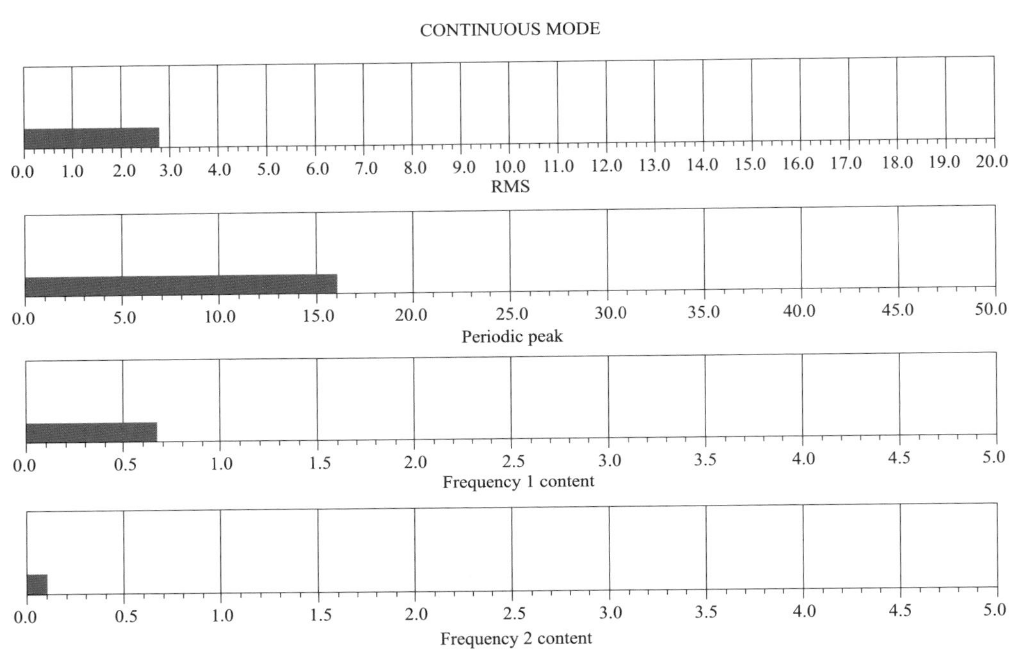

图 5－6　1 号主变压器 35kV 进线 303 间隔开关柜测试图谱—连续模式

从图 5－6 可以看出，超声波有效值为 2.8mV（背景为 0.25mV），峰值为 16mV（背景为 0.8mV），50Hz 相关性 0.65mV，100Hz 相关性 0.1mV，各参量幅值明显增大。从图 5－7 可以看出，相位模式下局部放电信号出现明显聚集点，最大幅值达到 24mV（背景为 5.5mV）。通过和背景数值进行对比，1 号主变压器 35kV 进线 303 间隔开关柜上盖板处超声波局部放电测试信号幅值的有效值、峰值以及 50Hz、100Hz 相关性都明显高于背景测试结果，在相位模式下的图谱具备较明显的局部放电特征，可以判定 1 号主变压器 35kV 进线 303 间隔开关柜内部存在异常放电。

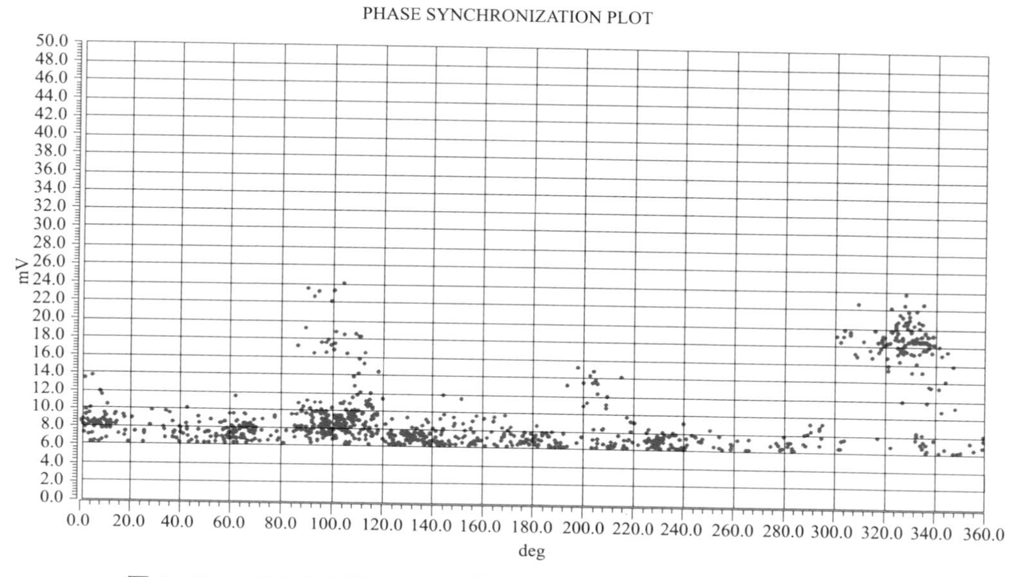

图 5-7　1 号主变压器 35kV 进线 303 间隔开关柜测试图谱—相位模式

3　隐患处理情况

2016 年 1 月 12 日，对 35kV1 段母线上所有开关柜的柜内绝缘件进行详细检查。将 1 号主变压器 35kV 进线 303 开关柜、35kV 备用 304 开关柜、35kV 备用 305 开关柜、35kV 备用 306 开关柜、35kV1 号电容器 307 开关柜、35kV1 号所用变 302 开关柜、35kV2 号电容器 308 开关柜、35kV3 号电容器 309 开关柜、35kV1 段 TV 及避雷器 310 开关柜的 9 面开关柜的母线仓的上盖板打开后，对母线仓内的母线绝缘护套、套管、断路器的上触头盒进行了排查。

检查发现，1 号主变压器 35kV 进线 303 开关柜、35kV 备用 304 开关柜、35kV 备用 305 开关柜、35kV 备用 306 开关柜、35kV1 号电容器 307 开关柜、35kV1 号所用变 302 开关柜的套管上有放电痕迹，放电位置都位于母线排穿过套管的地方（见图 5-8），其中 1 号主变压器 35kV 进线 303 开关柜内部存在严重的受潮锈蚀（见图 5-9），这为之前试验结果提供了有利证据，同时验证了之前试验人员的判断。

将 1 号主变压器 35kV 进线 303 开关柜母线排拆下，将该开关柜内所有绝缘护套更换后，重新把该段母线排恢复（见图 5-10）。安装完毕后试验人员

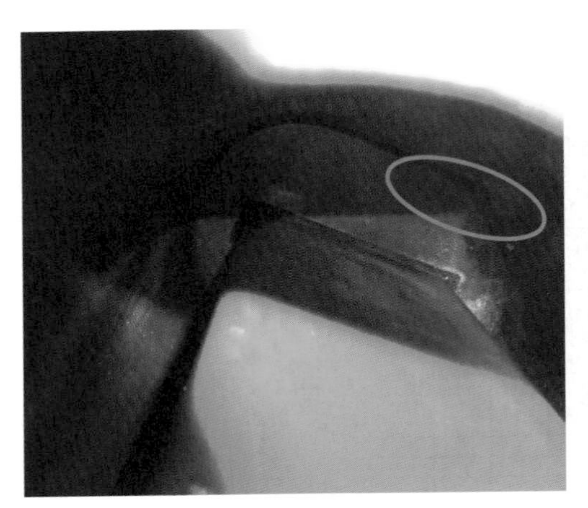
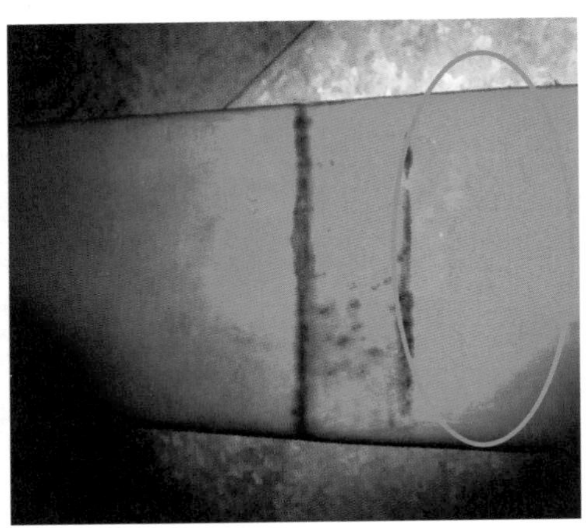

图 5-8　套管上的放电痕迹

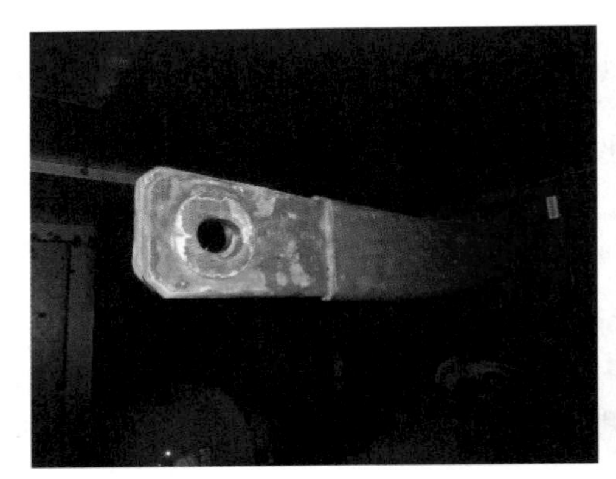

图 5-9　开关柜内部腐蚀严重

图 5-10　更换后的开关柜绝缘件

35kV 1 段母线三相分别进行了绝缘电阻试验和耐压试验，试验结果均达到规程标准。最后对 9 面开关柜的母线仓进行了详细清扫后，恢复上盖板，确无异常后恢复送电。

送电后，试验人员对该站开关柜进行开关柜暂态地电压局部放电及超声波局部放电测量，各项测试结果均正常，1 号主变压器 35kV 进线 303 间隔开关柜柜内异常放电缺陷得到了彻底解决。

4　经验体会

（1）由于开关柜内部复杂，干扰信号强烈，局部放电信号衰减严重，在以后开展的开关柜局部放电普测工作中，对发现的疑似放电信号，要采用多种手段进行检测和监测，同时要及时总结已发现缺陷类型的图谱特点，提高判断故障类型能力。

（2）在连续降雨后，有一部分变电站的开关柜都存在着不同程度的绝缘受潮的情况，对设备的正常运行埋下了很大的隐患。建议在变电站的开关室内配备一定数量的除湿机，在阴雨潮湿天气的时候运行除湿机，对开关室内除湿，保证设备运行在干燥的环境下。同时应适当安排对变电站设备的计划停电检查、某工作，避免被迫停电和夜间抢修。

案例6 某供电公司35kV某变电站35kV开关柜局部放电

1 案例经过

某供电公司35kV某变电站于1996年投运，站内设备涉及35kV、10kV两个电压等级，自投运以来，站内设备运行状况良好。35kV某变电站原运行方式如图6－1所示。

2018年8月13日对35kV某变电站进行开关柜局部放电带电检测，在开关柜前面板中部、下部和后面板上部、中部、下部进行了超声波检测。检测过程中发现35kV甲母线电压互感器及避雷器柜检测到明显异常超声波信号，幅值为25dB左右（背景噪声为0.8dB）；特高频检测过程中在35kV甲母线电压互感器及避雷器柜检测到明显特高频异常信号，经过对检测幅值进行比对，35kV甲母线电压互感器及避雷器柜前面板中右部位置信号幅值最大，幅值为－20.0dBm左右（背景噪声为－74.2dBm），该异常信号具有很好的相位对称特性，波形相位较稳定，具有明显的放电相似特征。综合以上检测信息，同时结合开关柜内部结构，判断为35kV甲母线电压互感器及避雷器柜存在局部放电现象。

2 检测分析方法

环境温度：32℃；环境湿度：65%。

2.1 超声波检测数据分析

超声波检测在开关柜柜体表面缝隙位置进行，检测过程中检测到明显异常超声波信号，背景噪声幅值为0.8dB左右，异常信号幅值为25.1dB。

检测数据及波形图见表6－1。

2.2 特高频检测数据分析

特高频检测在35kV开关柜前后面板上部、中部及下部观察窗以及缝隙位置检测以及相邻开关柜之间进行，在特高频检测过程中在35kV甲母线电压互感器及避雷器柜检测到明显特高频异常信号，经过对检测幅值进行比对，35kV甲母线电压互感器及避雷器柜前面板中右部位置信号幅值最大，幅值为－20.0dBm左右（背景噪声为－74.2dBm），该异常信号具有很好的相位对称特性，波形相位较稳定，具有明显的放电相似特征。检测位置如图6－2所示。

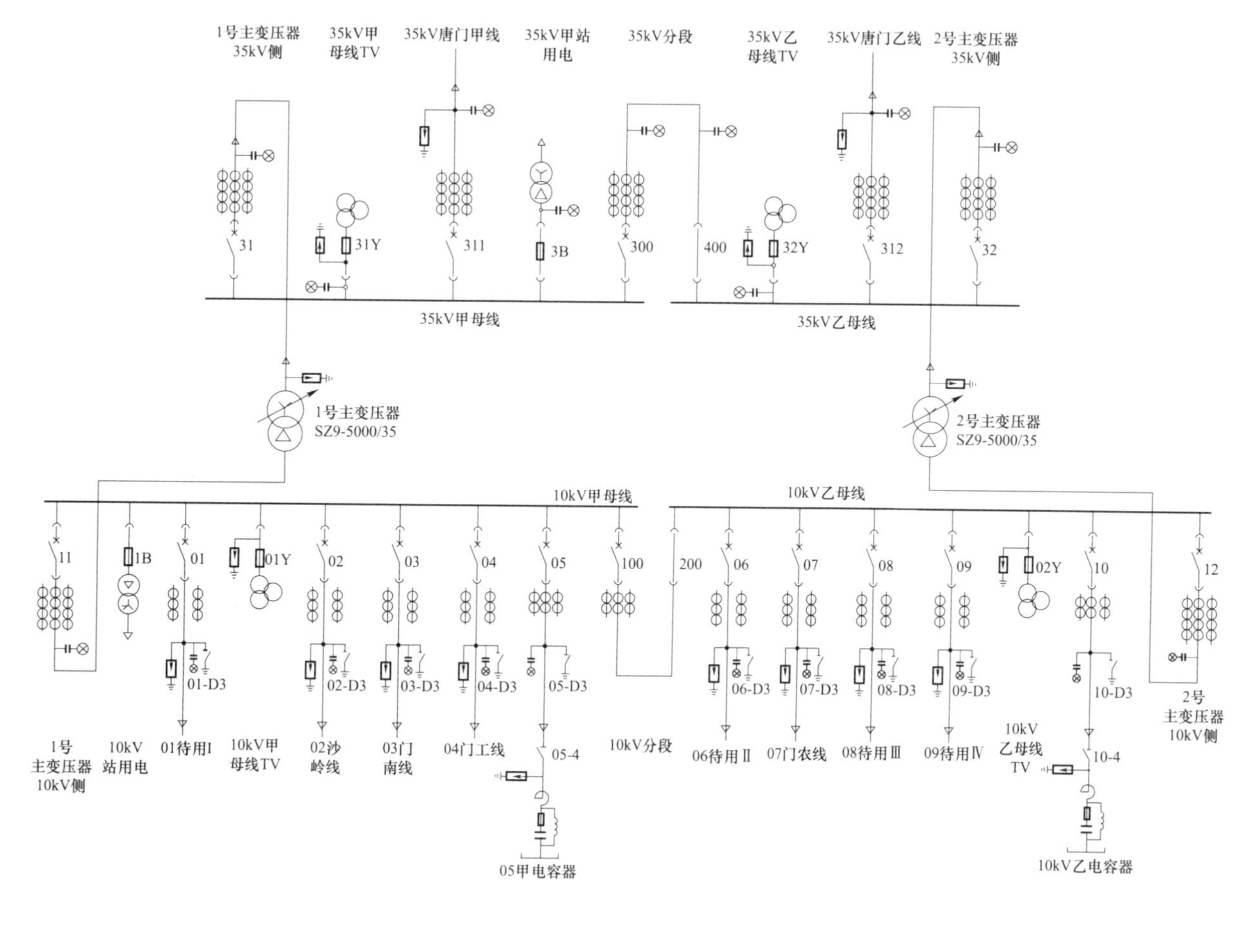

图6-1　35kV某变电站主接线图

表 6-1　　检测数据及波形图

序号	项目	幅值（dB）	波形图
1	背景噪声	0.8	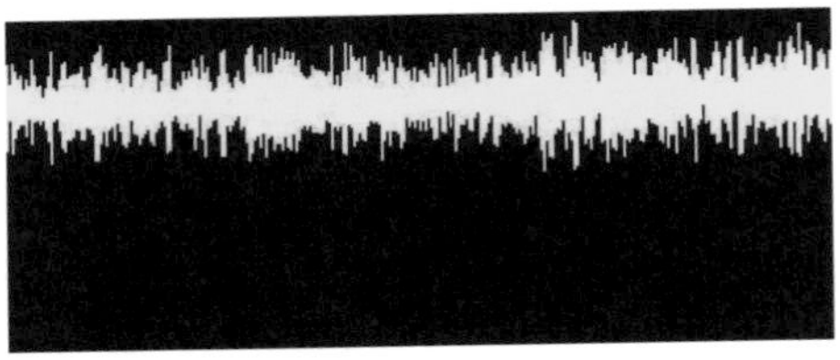
2	异常信号	25.1	

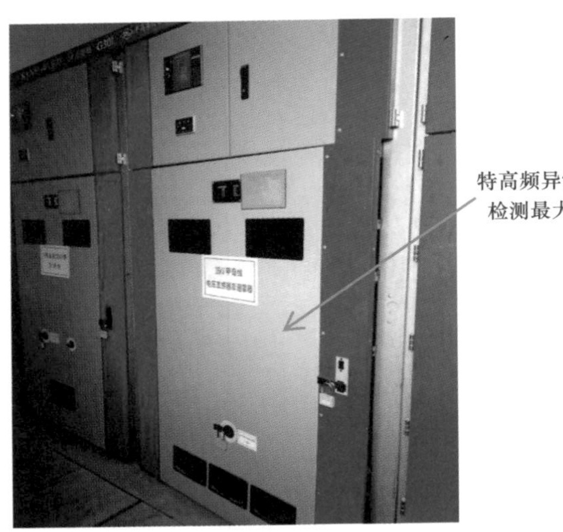

图 6-2　异常特高频信号幅值最大位置

特高频检测图谱如图 6-3 所示。

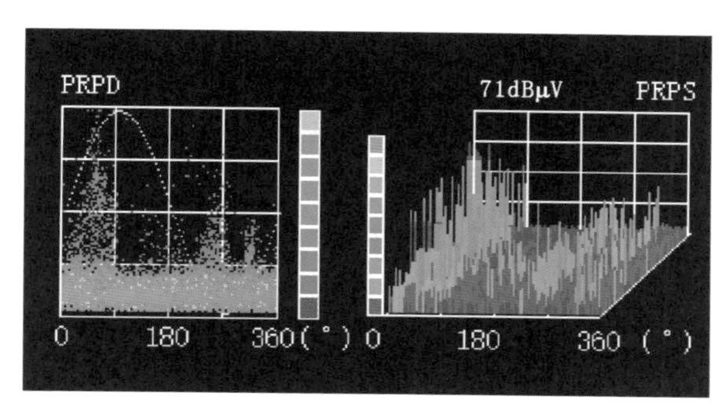

图6-3　异常信号特高频统计图

3　隐患处理情况

通过 8 月 13 日带电检测，判断为 35kV 甲母线电压互感器及避雷器柜存在局部放电现象，初步认为放电原因大概是由于母线对套管或柜体放电。某供电公司针对该隐患提报停电计划，并于 9 月 3～4 日对 35kV 母线进行停电消缺。

9 月 3 日变电某二班办理第一种工作票，解体后发现超声波异常位置存在明显的局部放电痕迹，与超声波带电检测及定位结果完全一致，如图 6-4、图 6-5 所示。工作人员对 35kV 设备进行触头盒更换、穿柜套管更换，如图 6-6 所示。更换新设备后进行工频耐压试验，试验结果正常。

图6-4　套管局部放电痕迹

图6-5　套管放电位置

图 6-6　触头盒、套管更换

4　经验体会

（1）随着状态某的开展，带电检测技术越来越被广泛运用到电气设备的日常维护中，是未来试验检测的趋势，为避免停电带来的损失，推广带电检测对提高经济效益，具有重要意义。

（2）特高频局部放电带电检测技术具有外界干扰信号少的特点，检测系统受外界干扰影响小，可以极大地提高电气设备局部放电检测，特别是在线检测的可靠性和灵敏度。

（3）在局部放电检测进行电气设备故障定位时，要多种手段综合分析，从而能够更加有效地确定信号源位置及特征。

案例7 某供电公司35kV某变电站35kV开关柜局部放电

1 案例经过

35kV某变电站35kV开关柜设备于2007年9月出厂，2007年10月投运。

2018年8月9日，电气试验一班开具两种工作票在对35kV某变电站进行带电检测时，测得35kV开关柜35kV某线312开关柜后侧中部超声数据异常，幅值11dB。变电某室相关负责人高度重视，随后安排电气试验一班试验人员进行跟踪复测，跟踪该异常的发展情况。

2019年3月8日，电气试验人员开具变电站第二种工作票对该开关柜进行复测，测试结果显示：超声波背景值为–7dB，超声波幅值为22dB；暂态地电压背景值为15dB，暂态地电压幅值为50dB；特高频呈现明显放电特征，根据《国网某电力公司变电设备带电检测工作实施细则》中规定判断为缺陷状态，建议结合停电计划进行某。

2019年3月19日，变电运维人员做好安全措施后，变电某一班开始进行35kV某线312开关柜放电处理工作。

2 检测分析方法

2.1 发现阶段（2018年8月9日）

环境温度25℃，相对湿度40%，测试仪器为TWPD–2623便携式局部放电检测系统。变电站两种工作票。

在对35kV某变电站35kV开关柜进行局部放电带电检测过程中发现：35kV某线312开关柜数据异常，检测到超声幅值为11dB，超声背景幅值为2dB，最大值部位位于开光柜后侧中部。并且超声具有明显的相位分布特征，检测图谱如图7–1所示，根据图谱分析该放电应为绝缘件沿面放电所致。

2.2 复测阶段（2019年3月8日）

环境温度5℃，相对湿度50%，测试仪器为华乘T90局部放电测试仪。

3月8日，变电某室电气试验一班开具两种工作票，对该开关柜进行复测。复测过程中，该开关柜超声信号幅值为22dB，背景值为–7dB，超声图谱如图7–2所示，最大值位置为35kV某线312开关柜后柜中部右侧。

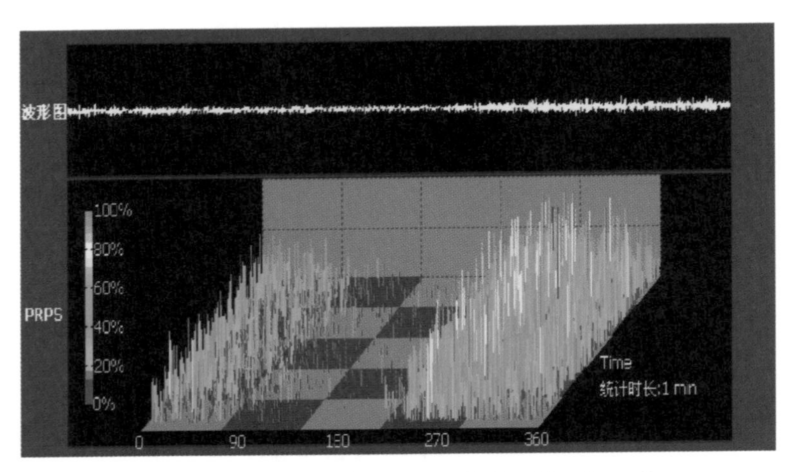

图 7-1　35kV 某线 312 开关柜超声波检测图谱

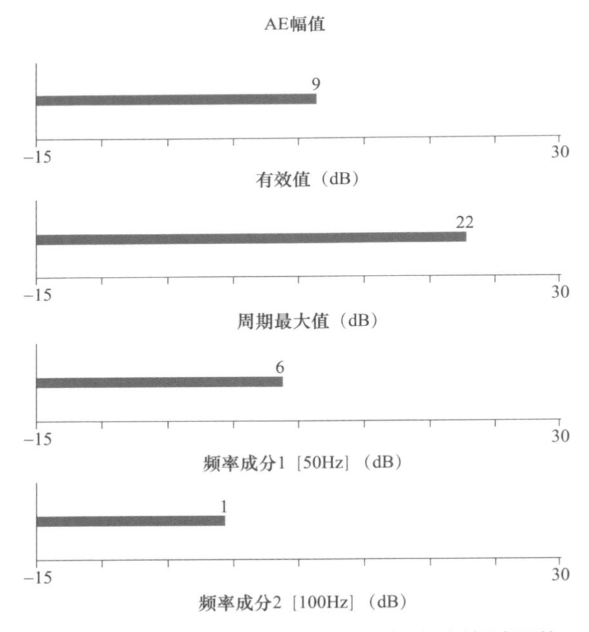

图 7-2　35kV 某线 312 开关柜超声波检测图谱

暂态地电压测试中，背景值为 14dB，暂态地电压幅值为 51dB。特高频测试图谱如图 7-3 所示。

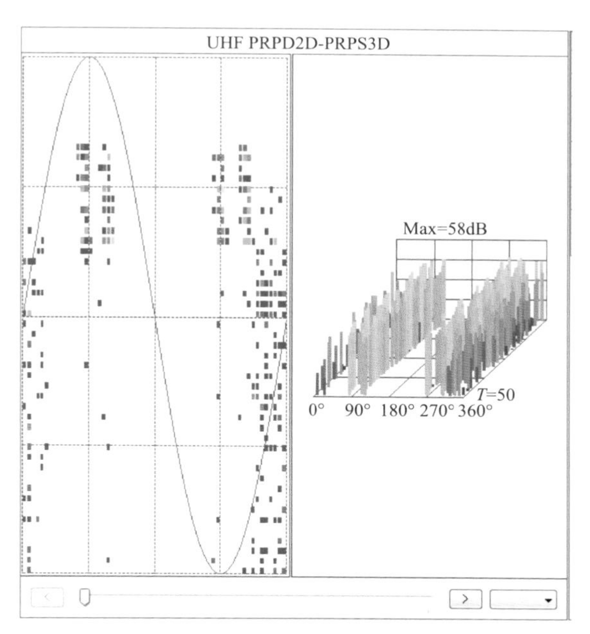

图 7－3　35kV 某线 312 开关柜特高频检测图谱

3　下一步措施

在对开关柜的复测过程中可以看出，35kV 某线 312 开关柜超声信号为 22dB，背景值为－7dB；暂态地电压背景值为 14dB，幅值为 51dB，相对值达到 37dB。根据《国网某电力公司变电设备带电检测工作实施细则》中规定，超声波幅值大于 15dB 为缺陷状态，暂态地电压相对值大于 20dB 为异常。该开关柜已属缺陷状态，建议结合停电计划对该开关柜进行停电处理。

4　隐患处理情况

2019 年 3 月 19 日，35kV 某变电站 35kV 2 号母线由运行转某，变电某一班开始进行 35kV 某线 312 开关柜放电处理工作。

现场工作人员打开开关柜，并对桥母线穿柜套管检查后发现，穿柜套管内部等电位弹簧与套管屏蔽层之间放电严重，存在明显的放电痕迹，如图 7－4 所示。

经过检查分析得知：套管屏蔽层与高压母排间通过上图所示的等电位弹簧连接。该种弹簧在长时间运行过程中易疲劳变形，导致等电位弹簧与套管屏蔽层接触不良，产生悬浮放电，造成等电位弹簧和套管屏蔽层的烧蚀。从检查结果看，A 相套管内部屏蔽层烧蚀严重，如缺陷进一步发展，烧蚀产生的粉尘、断裂的等电位弹簧极易导致内部绝缘故障的发生。

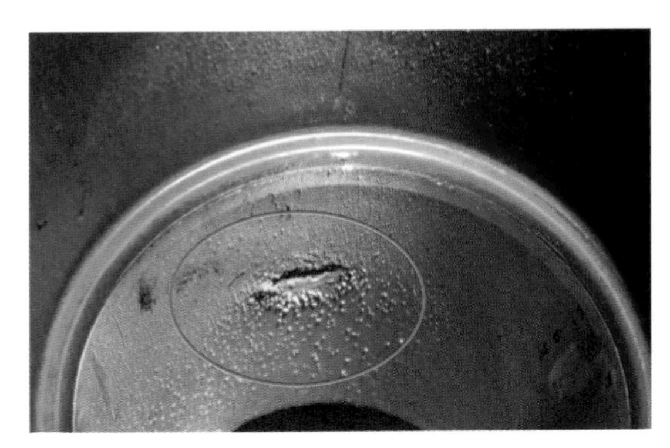

图 7-4　屏蔽套管内部放电严重

厂家工作人员随即对旧套管进行了更换（见图 7-5）。更换后的套管内部设有双屏蔽层，屏蔽层通过屏蔽引出线与高压母排连通，避免了因屏蔽销金属疲劳接触不良导致的屏蔽层与高压母排间的放电。

图 7-5　更换穿柜套管

下午 18 时 30 分，2 号主变压器、35kV2 号母线送电完成，经运行人员现场检查，35kV 某线 312 开关柜无放电声。此次放电处理工作圆满完成。

5　经验体会

（1）继续加强带电检测工作力度。带电检测工作是发现设备隐患的重要手段，要继续加强对辖内设备的带电检测，特别要加强运行时间较长设备以及开关柜和

GIS 设备的带电检测，及时发现设备存在的隐患及可能出现的不可靠因素，并及时处理，保证设备的健康运行。

（2）此种开关柜穿柜套管普遍使用等电位弹簧与母线连接，极易出现此类放电情况。以后对该类型开关柜加强带电检测，对于存在放电信号的设备及时处理，并结合停电计划，逐步对此类型穿柜套管进行更换改造。

案例8 某供电公司35kV某变电站35kV开关柜带电检测

1 案例经过

35kV某变电站35kV开关柜设备于2010年8月投运，至今已运行9年。

2017年3月29日，某供电公司变电运检室检测人员对该站进行带电检测，在站内35kV开关柜处检测到明显的放电信号，检测人员分别使用两种开关柜局部放电测试仪对开关柜进行超声波特和暂态地电压检测。检测结果显示，2号TV间隔有明显的超声放电信号，最大值8.8mV，部分开关柜暂态地电压检测值大于合格值。2017年4～7月分别对35kV某站进行跟踪复测，发现放电有轻微发展趋势，随即上报停电消缺计划，对缺陷部位进行停电处理。

2017年7月10～12日，变电运检室工作人员办理第一种工作票，对35kV某站35kVⅡ段开关柜进行停电处理，缺陷消除。

2 检测分析方法

2.1 开关柜暂态地电压局部放电检测

2017年3月29日，检测人员使用T90型局部放电检测仪对某变电站35kV开关室进行开关柜暂态地电压带电检测，检测结果见表8-1。

表8-1 某35kV变电站35kV开关柜暂态地电压检测

空气中背景噪声：24dB			金属表面1背景噪声：25dB		金属表面2背景噪声：22dB	
测试位置35kV	35kV某Ⅰ线6311开关	35kV1号主变压器6321-1刀闸	35kV1号TV6381-1刀闸	35kV某Ⅱ线6312开关	35kV2号主变压器6322-2刀闸	35kV2号TV6382-2刀闸
前中	20	19	26	28	25	26
前下	20	22	28	27	24	26
后上	23	21	40	49	51	53
后中	25	27	39	48	52	55
后下	25	26	38	48	52	56

分析以上数据可以发现，整个35kV开关室Ⅱ段母线间隔的暂态地电压数值均偏大，最大相对值达到34dB，但Ⅰ段母线的各间隔数值正常，说明在Ⅱ段母线部位存在放电故障，具体位置需要进一步检测。

2017年5月，对某变电站35kV开关室进行复测，开关柜暂态地电压放电幅值几乎不变（见图8－1）。

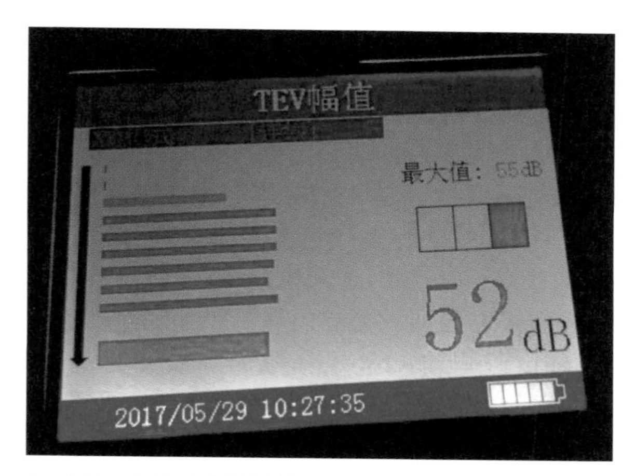

图8－1　35kV 2号主变压器侧6322－2刀闸开关柜和35kVⅡ母TV6382刀闸开关柜暂态地电压测试图

2017年6月和7月再次复测，测得结果变化不大，放电区域依然主要集中在35kV 2号TV6382－2刀闸附近（见图8－2）。

图8－2　现场测试存在放电的开关柜

根据国家电网公司《电力设备带电检测技术规范（试行）》（见表 8－2），可判断开关柜内存在放电现象。

表 8－2　　开关柜暂态地电压局部放电判断标准

项目	周期	标准
暂态地电压检测	1）半年至 1 年 2）投运后 3）必要时	1）正常：相对值≤20dB 2）异常：相对值＞20dB

2.2　开关柜超声波局部放电检测

首先，在开关室内有人耳可辨的明显放电声音，且在 35kVⅡ母 TV6382 刀闸开关柜后部附近声音最大。其次，在 35kVⅡ母 TV6382 刀闸开关柜和南侧相邻的 35kV 2 号主变压器侧 6322－2 刀闸开关柜表面均可检测明显高于其他开关柜的超声波和暂态地电压放电信号，如图 8－3 所示。

分析放电信号，有效值和周期最大值均示数较大，最大幅值达到 8.8mV，50Hz 相关性和 100Hz 相关性也较大，且 100Hz 相关性明显大于 50Hz 相关性，属于典型的悬浮放电特征信号。

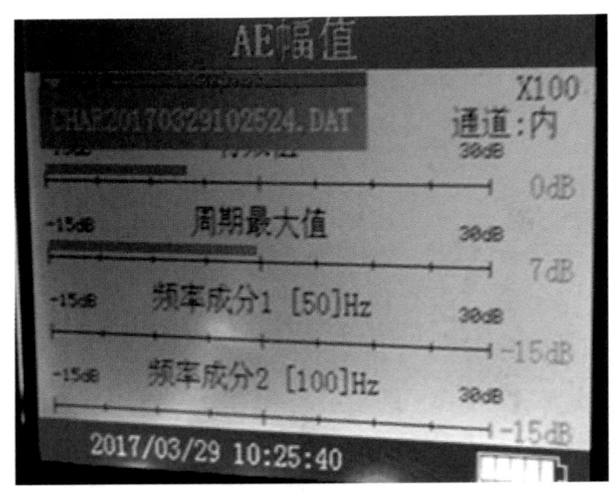

图 8－3　35kV 2 号主变压器侧 6322－2 刀闸开关柜和
35kVⅡ母 TV 6382 刀闸开关柜超声波放电测试图

根据国家电网公司《电力设备带电检测技术规范（试行）》（见表 8－3），判断开关柜内存在放电，需要停电处理（1dB＝20log101mV）。

表 8-3　　开关柜超声波局部放电判断标准

项目	周期	标准
超声波局部放电检测	1）半年至 1 年 2）投运后 3）必要时	1）正常：无典型放电波形或音响，且数值≤8dB 2）异常：数值>8dB 且≤15dB 3）缺陷：数值>15dB

3　隐患处理情况

鉴于上述检测信息，变电运检室及时与厂家人员联系，及时调用备品备件，2017 年 7 月 10～12 日，变电运检室工作人员对 35kV 某站 35kV 开关柜Ⅱ段进行停电处理。现场停电对开关柜内部进行检查，发现 2 号 TV 间隔开关柜内 B 相母线室均压弹簧与母线套管内部连接位置存在明显的放电痕迹并呈黑色（见图 8-4），均压弹簧已出现烧伤（见图 8-5），套管内壁也能看到黑色的烧焦痕迹。

图 8-4　母线套管放电烧伤情况

图 8-5　均压弹簧烧伤情况

某供电公司变电运检室工作人员对放电原因进行分析，判断主要是由于开关柜运行时间长达 9 年，母线室内的均压弹簧夹紧力不足，运行中均压弹簧极易出现松动，导致弹簧与套管屏蔽层之间存在间隙，进而发生母线对套管放电。

为防止处理结束后再次出现放电情况，对该站 35kVⅡ段母线所有套管进行更换，打开开关柜顶盖，依次拆除旧的母线套管及其上的均压弹簧，并对母线放电位置进行清理，如图 8-6 所示。更换新型母线套管（套管屏蔽层与母线直接接触），安装完毕后，确保接触可靠，进行耐压试验合格后，恢复开关柜顶盖。

图 8-6 现场处理情况

处理结束送电后，再次对 35kV 设备区的所有开关柜进行暂态地电压检测和超声波局部放电检测，检测合格，缺陷消除。

4 经验体会

（1）超声波和暂态地电压开关柜局部放电检测，对开关柜内的各种类型放电均有较好的检测效果，能够有效发现开关柜内部的潜在隐患。同时，这两种方法也有各自特殊的一面，我们可以检测过程中利用这两种方法的不同检测原理，交叉使用，从而便于全面发现问题和分析问题。

（2）现场检测时应总格超声波和暂态地电压等多种检测方法，对开关柜状态进行针对性检测，并根据检测的结果、设备结构、现场的条件及历史检测数据等进行综合分析，才能够较为准确地掌握设备的状态，最终达到制定有针对性的策略的目的。

（3）继续加强带电检测工作力度。带电检测工作是发现设备隐患的重要手段，要继续加强对辖内设备的带电检测，特别要加强运行时间较长设备以及开关柜和 GIS 设备的带电检测，及时发现设备存在的隐患及可能出现的不可靠因素，并及时处理，保证设备的健康运行。

第二篇　开关柜穿柜套管均压弹簧损坏典型案例

案例 9 某供电公司 220kV 某变电站 35kV 开关柜穿柜套管内等电位弹簧片局部放电和紫外成像带电检测

1 案例经过

某供电公司 220kV 某站 35kV 开关柜于 2012 年 9 月投运，开关柜厂家为某开关有限公司，35kV 母线为某高压开关有限公司。2015 年 10 月 9 日，变电某室电气试验班在进行开关柜暂态地电压及超声波局部放电带电检测时发现，2 母线开关柜能够听到明显的放电声音，且声音持续。进行 TEV 检测，未发现明显异常。进行超声波局部放电检测，经检测发现 2 母线 32 TV 开关柜超声波局部放电检测幅值最大，达到 26dB，因此将此放电缺陷定位在 2 母线 32 TV 开关柜柜内。变电某室将此缺陷上报运维某部，申请停电处理。

2 检测分析方法

2.1 超声波局部放电检测

2015 年 10 月 9 日，变电某室试验班在进行开关柜暂态地电压及超声波局部放电带电检测时发现 2 母线开关柜能够听到明显放电声音，且声音持续。进行超声波局部放电检测，经检测发现 2 母线 32 TV 开关柜超声波局部放电检测幅值最大，仪器的指示灯为红色，当仪器指示灯为红色时，检测信号幅值为 26dB，最大值处位于开关柜的上柜。剩余柜的超声波局部放电检测信号幅值均小于 8dB（见表 9－1），因此将此放电缺陷定位在 2 母线 32 TV 开关柜柜内，如图 9－1 所示。

图 9－1 开关柜局部放电超声波检测

2.2 耐压试验查找放电点

（1）220kV 某站 35kV 2 母线停电后，打开 32 TV 开关柜的后柜门，发现 A 相母线连接排绝缘支柱与绝缘挡板处存在放电痕迹，如图 9－2 所示。

表 9－1　高压开关柜局部放电超声波和暂态对地电压检测数据记录表

变电站名称：220kV 某变电站　　检测人员：

检测单位：某电器工程有限公司　　检测时间：2015 年 10 月 9 日

天气：晴　　开关室温度：25℃

制造厂：某华电开关有限公司　　制造年月：2012 年 3 月　　额定电压：35kV

暂态对地电压法背景噪声（与开关柜不相连的 3 个金属制品上的幅值）：① 49；② 47；③ 32

序号	设备名称	型号	暂态对地电压法						超声波法		
			开关柜前面		开关柜背面			危险等级	有无局部放电声音	幅值	危险等级
			中	下	上	中	下				
			幅值	幅值	幅值	幅值	幅值				
1	1 母线 31TV	KYN－40.5－8	50	50	50	50	50	正常	无	<8	正常
2	古北线 311	KYN－40.5－8	50	50	50	50	50	正常	无	<8	正常
3	1 号变压器 301	KYN－40.5－8	50	50	50	50	50	正常	无	<8	正常
4	古皇线 312	KYN－40.5－8	50	50	50	50	50	正常	无	<8	正常
5	古齐线 313	KYN－40.5－8	50	50	50	50	50	正常	无	<8	正常
6	鑫秦 1 线	KYN－40.5－8	50	50	50	50	50	正常	无	<8	正常
7	1 号站用变压器 315	KYN－40.5－8	50	50	50	50	50	正常	无	<8	正常
8	1 号电容器 316	KYN－40.5－8	50	50	50	50	50	正常	无	<8	正常
9	2 号电容器 317	KYN－40.5－8	50	50	50	50	50	正常	无	<8	正常
10	3 号电容器 318	KYN－40.5－8	50	50	50	50	50	正常	无	<8	正常
11	分段 300 丙刀闸	KYN－40.5－8	50	50	50	50	50	正常	无	<8	正常
12	分段 300 开关	KYN－40.5－8	50	50	50	50	50	正常	无	<8	正常
13	2 母线 32TV	KYN－40.5－8	50	50	50	50	50	正常	有	26	异常
14	2 号站用变压器 302	KYN－40.5－8	50	50	50	50	50	正常	无	<8	正常
15	2 号变压器 302	KYN－40.5－8	50	50	50	50	50	正常	无	<8	正常
16	4 号电容器 322	KYN－40.5－8	50	50	50	50	50	正常	无	<8	正常
17	5 号电容器 323	KYN－40.5－8	50	50	50	50	50	正常	无	<8	正常
18	6 号电容器 324	KYN－40.5－8	50	50	50	50	50	正常	无	<8	正常

图 9-2　A 相母线连接排绝缘支柱处放电痕迹

（2）220kV 某站 2 母线停电后，试验人员从 2 母线 300 开关柜母线侧触头进行单相运行电压耐压试验，耐压试验前后进行母线绝缘试验，检查母线绝缘特性，如图 9-3 所示。耐压试验过程中，发现在进行 A 相母线耐压试验时能够听到明显放电声音，且声音持续，将放电点定位到 A 相母线。

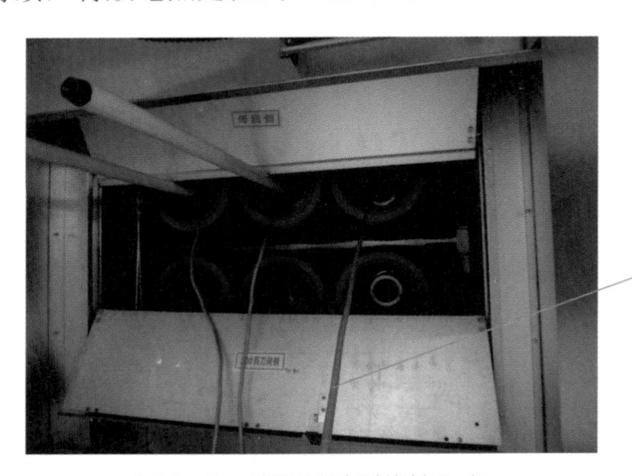

图 9-3　高压试验引线接入点

2.3　紫外探伤仪检测情况

在 A 相母线耐压试验过程中，试验人员发现 32TV 一直存在放电声，耐压过程中进行紫外成像仪检测，发现 A 相母线 32TV 开关柜穿柜套管处母线出现明显放电现象，检测图谱如图 9-4 所示。

根据检测图谱检查第二个放电点 A 相母线 32TV 开关柜穿柜套管处，发现等电位弹簧片断裂，如图 9-5 所示。

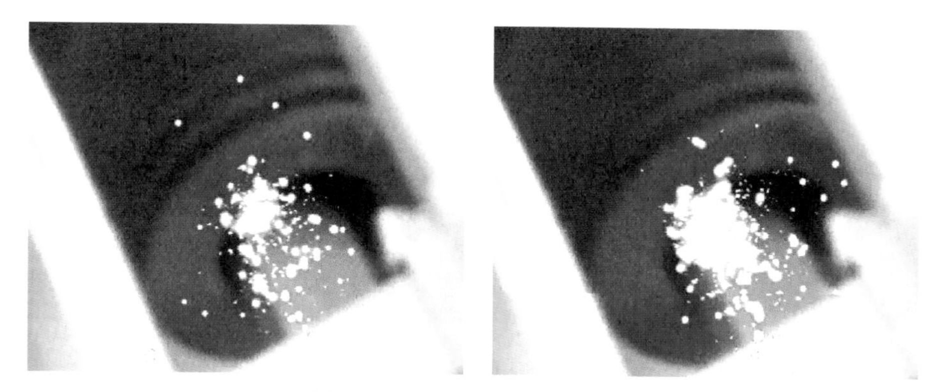

图 9－4　紫外探伤仪检测图谱

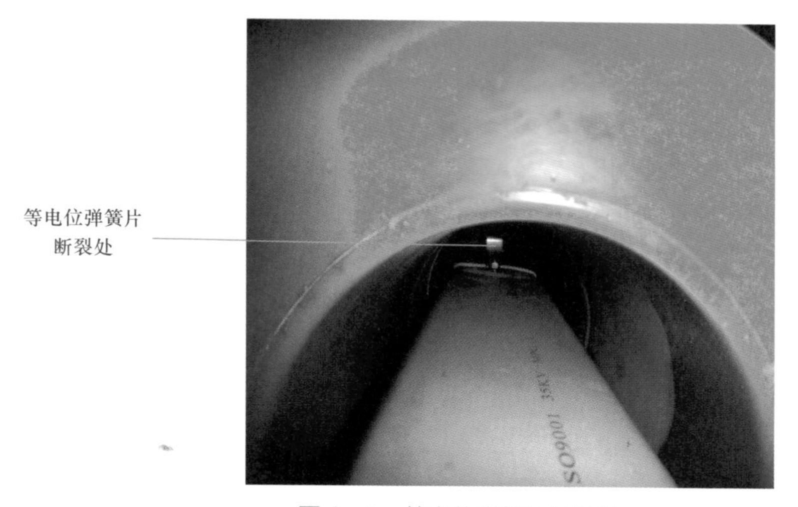

图 9－5　等电位弹簧片断裂处

3　隐患处理情况

根据检测结果，针对第一个放电点，将绝缘支柱与绝缘挡板涂刷高效绝缘漆，如图 9－6 所示。

针对第二个放电点，拆除了断裂的等电位弹簧片，并更换了新等电位弹簧片。处理后试验人员再次进行单相运行电压耐压试验，放电声消失。耐压规程中进行紫外探伤检测，原有的放电处的放电现象已消失，如图 9－7 所示。

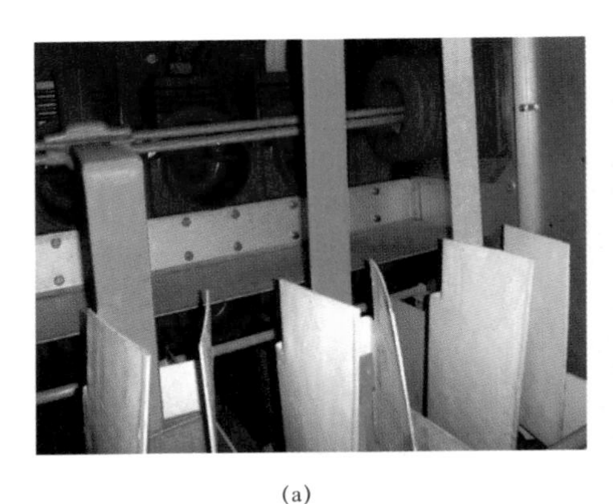
(a)

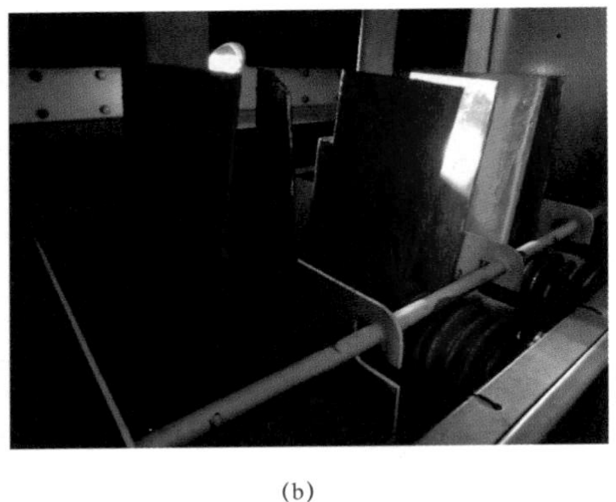
(b)

图 9-6　放电点 1 缺陷处理前后对比

（a）处理前；（b）处理后

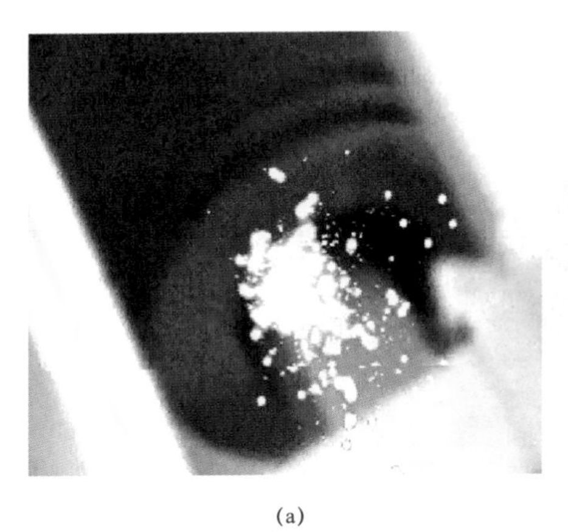
(a)

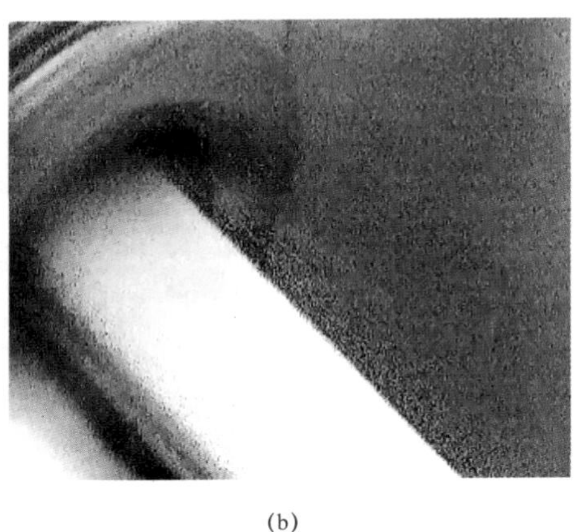
(b)

图 9-7　放电点 2 缺陷处理前后紫检测图谱对比

（a）处理前；（b）处理后

4　经验体会

（1）超声波局部放电检测一般检测频率在 20～100kHz 之间的信号，若有数值显示，可根据显示的 dB 值进行分析。若检测到异常信号，可利用超高频检测法、频谱仪和高速示波器等仪器和手段进行综合判断。

（2）在进行开关柜暂态地电压检测时，每个站所有开关柜检测时应使用同一设备进行。有异常情况时，可开展长时间在线监测，采集监测数据进行综合判断。

（3）发现放电异常现象后，应结合停电试验进一步检查、试验。必须制订行之有效的试验方案，有针对性地进行故障排查，才能提高故障判断率。

（4）保证电网的安全稳定运行，应加强带电检测工作，制订有效的带电检测方案，有针对性地进行故障排查，提高故障判断率。发现异常后，应结合停电进行进一步检查、试验，及时处理带电检测过程中发现的问题。

案例10 某供电公司220kV某变电站35kV开关柜暂态地电压带电检测

1 案例经过

220kV某变电站35kV开关柜设备型号为VD4 4012－31M，于2012年6月29日投运，至今已运行3年。

2015年10月17日，变电运维二班人员在对该站进行开关柜局部放电普测时，发现35kV开关柜内发出异音，存在局部放电现象。公司运检部组织电气试验班对220kV某站35kV开关柜进行复测，测试结果与第一次测试结果相同。进行精确定位后，确定放电源位于2号主变压器35kV侧302断路器间隔。2号主变压器35kV侧母线桥存在TEV异常信号，检测到TEV数值大于50dB，且2号主变压器35kV侧302断路器开关柜后上部与母线穿柜套管连接处存在超声波异常信号，判断此异常信号源可能来自2号主变压器35kV侧302断路器开关柜内，或2号主变压器35kV侧母线穿柜套管。随即运行工区发起缺陷流程，上报严重缺陷"220kV某变电站2号主变压器35kV侧母线桥302进线柜后上部有异音"。公司结合11月12日220kV某变电站35kVⅡ段母线的停电计划，一停多用，安排消缺。11月12日7时30分，运维人员将220kV某变电站2号主变压器由运行转某35kVⅡ段母线停电。2015年11月12日，变电某一班办理第一种工作票，对35kV开关柜停电，开始消缺工作，对2号主变压器35kV侧母线桥和开关柜内部进行仔细检查后发现，2号主变压器35kV侧302进线柜进柜套管有明显放电痕迹，更换均压弹簧片和绝缘套管后送电，异音消失，再次进行局部放电测试，也未发现局部放电象征。

2 检测分析法

2015年10月17日，变电运维二班人员在进行带电检测普测时发现35kV开关柜内发出异音，存在局部放电现象，随后电气试验班带电检测人员对220kV某变电站内开关柜进行局部放电复测，当时环境温度为23℃，环境湿度为47%。检测人员使用PDT－200型局部放电检测仪在220kV某变电站35kV高压室内，对各个开关柜的前中、前下、后上、后中、后下、侧上、侧中、侧下部分分别进行了暂态对地电压（TEV）检测。220kV某变电站35kV高压室各开关柜的暂态对地电压（TEV）检测普测结果见表10－1。

表 10-1　　2015 年 11 月 10 日地电波测试数据

单位名称	某供电公司		变电站名称	220kV 某站	
柜体名称	金属铠装开关柜		厂家	某开关有限公司	
型号	VD4 4012-31M	电压等级（kV）	35	出厂日期	2012 年 6 月
试验时间	2015 年 11 月 10 日	背景 TEV 读数（dB）	20	试验人员	王某、孟某

序号	开关柜名称	前中（dB）	前下（dB）	后上（dB）	后中（dB）	后下（dB）	侧上（dB）	侧中（dB）	侧下（dB）	备注
1	Ⅱ段母线 32P-1TV	56	55	58	57	56	53	53	56	
2	备用 3（319）	55	57	57	57	55				
3	备用 4（321）	54	56	56	57	57				
4	庆尚线 322	54	56	58	58	58				
5	备用 6（323）	53	58	60	60	57				
6	Ⅰ号所用变压器 305	53	57	60	60	59				
7	Ⅱ号主变压器 35kV 侧 302	53	56	60	60	58				
8	4 号电容器 324	55	56	60	60	57				
9	5 号电容器 325	54	58	60	60	58				
10	6 号电容器 326	53	57	60	60	58				
11	分段 320	53	57	60	60	58				
12	Ⅲ段母线 33P-1TV	54	57	60	60	59				
13	庆勒线 327	54	58	60	60	59				
14	备用 5（328）	53	57	60	60	58				
15	Ⅰ号庆鑫线 329	55	56	60	60	58				
16	Ⅲ号主变压器 35kV 侧 303	56	54	60	60	59				
17	Ⅱ号庆鑫线 330	56	43	60	60	60				
18	7 号电容器 331	54	54	60	60	60				
19	8 号电容器 332	54	55	60	60	58				
20	9 号电容器 333	56	54	60	60	58				
21	Ⅱ号所用变 306	54	53	60	60	59	57	56	56	

根据开关柜的布置情况，将所有检测的开关柜暂态对地电压（TEV）检测数据进行横向比较后得到的数据曲线如图10－1所示。

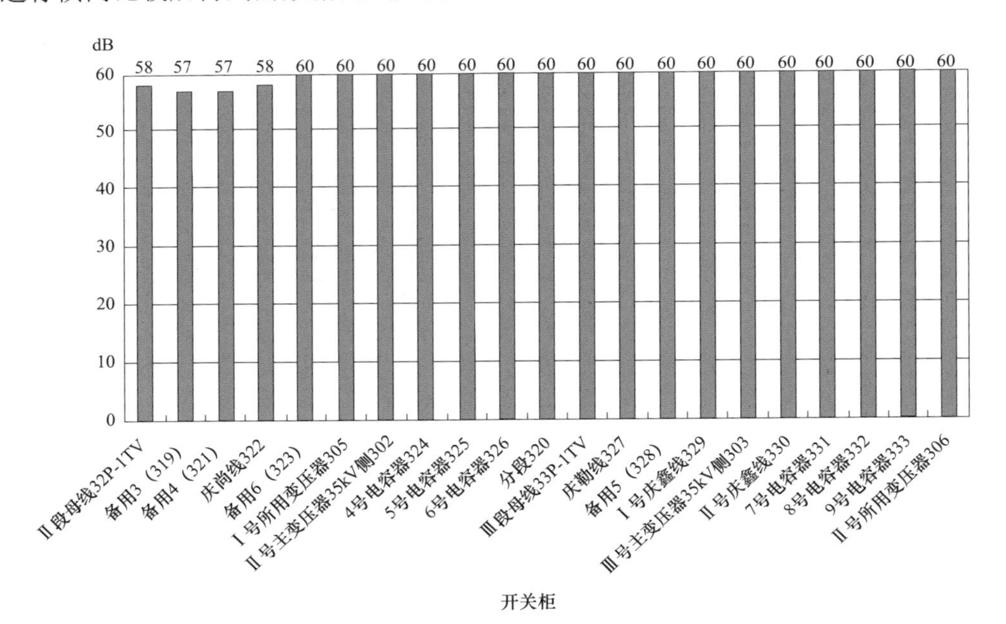

图10－1　TEV检测数据曲线

从图10－1可以看出，220kV某变电站35kV高压室内开关柜的暂态对地电压（TEV）幅值均较大，全部大于40dB。根据暂态对地电压（TEV）检测标准判定，35kV高压室内存在放电现象，需要采用专业的带电检测方法进一步精确定位放电位置。工作人员将局部放电检测仪切换至超声波模式，对35kV高压室内所有开关柜进行超声波信号普测，发现2号主变压器35kV侧302断路器开关柜的后上部超声波的幅值为20dB，已达到超声波异常标准，异常部位如图10－2所示。

电气试验班使用PDT－120型开关柜局部放电定位仪进一步确定放电位置，利用暂态对地电压（TEV）和时间差法的检测技术，现场对存在超声波异常信号的2号主变压器35kV侧302断路器开关柜进行定位，发现2号主变压器35kV侧母线桥存在TEV异常信号，如图10－3所示。

利用便携式开关柜局部放电定位仪脉冲相位图谱模式对该暂态对地电压（TEV）信号进行分析，发现该暂态对地电压（TEV）信号主要集中在脉冲相位图谱的90°与270°的附近，呈对称分布。该图谱为典型的局部放电图谱，据此确定了缺陷的性质，具体图谱如图10－4所示。

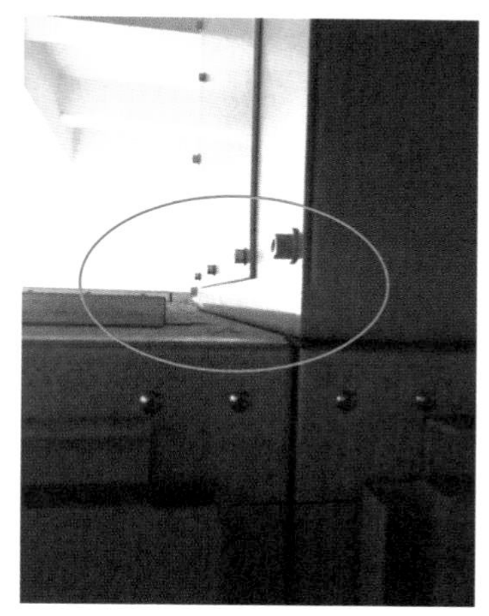
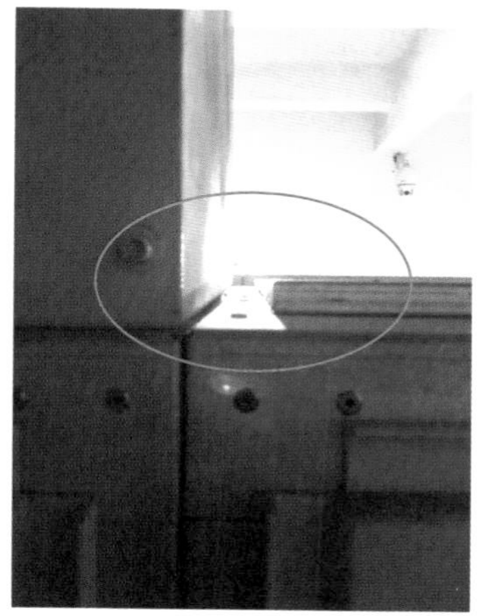

图 10－2 开关柜异音部位

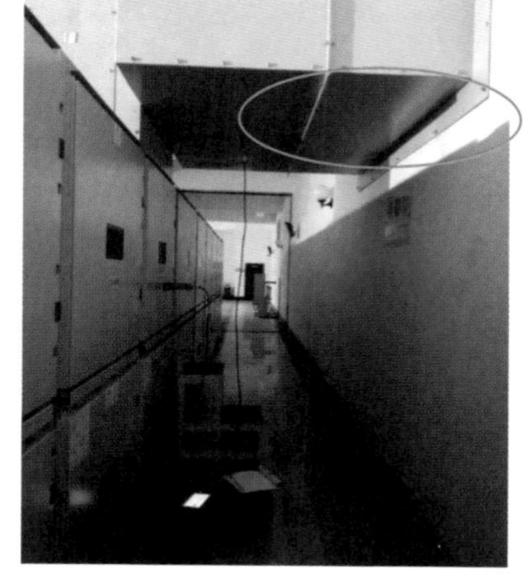

图 10－3 检测仪器及母线桥异音部位

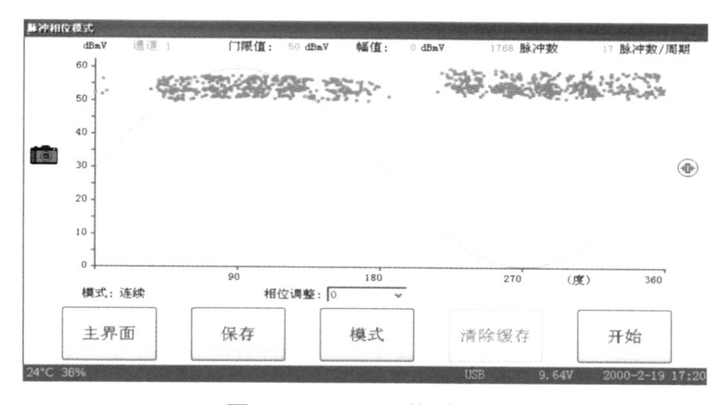

图 10－4 TEV 监测图谱

综上，判断220kV某变电站35kV高压室内开关柜内存在局部放电现象，放电信号来自2号主变压器35kV侧302断路器开关柜或2号主变压器35kV侧302断路器间隔的母线穿柜套管。

3 隐患处理情况

2015年11月12日10时10分，变电运检室变电某一班工作负责人在220kV某变电站办理第一种工作票的许可、开工手续，工作内容为：35kVⅡ段母线及2号主变压器35kV侧302断路器开关柜检测异常处理。具体处理过程为：

（1）现场停电对开关柜内部进行检查，发现开关柜内母线室均压弹簧与母线套管内部连接位置存在明显的放电痕迹并呈黑色（见图10－5），均压弹簧已出现烧伤，套管内壁也能看到黑色的烧焦痕迹（见图10－6）。

图10－5 柜内放电痕迹

图10－6 穿柜绝缘套管烧焦

根据观察到的放电痕迹，判断放电是由于均压弹簧与绝缘套管的金属内壁接触不良造成的（见图10－7）。绝缘套管金属内壁与均压弹簧片等电位接触后在金属内壁上形成一个稳定均匀的电场。当均压弹簧片在母线排的安装过程中，由于施工水平不当，造成均压弹簧片变形时，均压弹簧片与绝缘套管内壁无法接触，均压弹簧片与绝缘套管内壁的空隙因电容反比分压作用，存在较强电场，形成悬浮放电，放电长期发展会烧坏绝缘套管，造成母线接地故障。

（2）现场对35kV母线排进行了清洁，并更换了烧坏的绝缘套管（见图10－8）。

（3）处理结束送电后，再次对35kV设备区的所有开关柜进行暂态地电压（TEV）检测。检测结果显示，开关暂态地电压（TEV）全部合格，220kV某站35kV开关柜暂态地电压带电检测不合格隐患排查、处理工作全部完成。

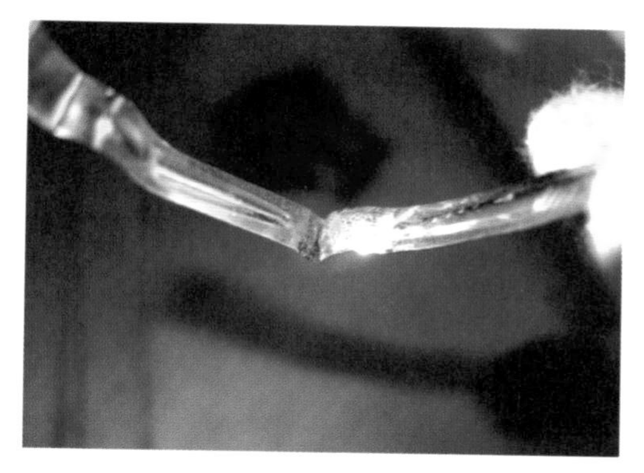

图 10－7　均压弹簧损伤

图 10－8　新更换的绝缘套管

4　经验体会

经过对 220kV 某站 35kV 开关柜暂态地电压（TEV）异常进行检查、分析和处理后，主要有以下两点经验体会：

（1）继续加强带电检测工作力度。开关柜和 GIS 设备具有体积小、封闭性高的特点，缺乏有效的检测手段。带电检测工作是发现设备隐患的重要手段，特别是通过超声波检测和特高频、TEV 检测，能及时发现设备存在的隐患和可能出现的不可靠因素，保证设备的健康运行。

（2）加强大负荷设备及环境恶劣设备的检测力度。对特别重要设备、环境恶劣设备应加强检测，此类设备出现放电隐患的可能性较大，加强此类设备的监测可以达到事半功倍的效果。

案例 11 某供电公司 220kV 某变电站 35kV 开关柜局部放电超标

1 案例经过

220kV 某站位于某省某县，为属地供电枢纽站。该站 35kV 开关柜为落地手车式开关柜，型号为 ZS3.2，某 ABB 开关有限公司生产，2001 年投运。2015 年 5 月 19 日对该站开展例行带电检测工作时，发现在 1 号主变压器 35kV 侧 301 断路器间隔开关柜及 1 号电容器 311 断路器间隔开关柜存在相对幅值较大的 TEV 及超声波局部放电信号。且在开关柜后上部检测到的幅值比中下部的幅值要高，初步判断局部放电源在开关柜母线室内。2015 年 6 月 19 日对其进行了复测，局部放电源定位在开关柜母线室内。

2015 年 8 月 4 日晚 23 时，对开关柜局部放电超标隐患开展停电处理，于 8 月 5 日 16 时结束。送电后复测，无任何异常。

2 检测分析方法

5 月 19 日，对该站变电设备带电检测时，发现在 35kV 1 号主变压器 35kV 侧 301 断路器间隔开关柜与 1 号站用变压器 83 间隔开关柜之间，1 号电容器 311 断路器间隔开关柜与分段 300－1 隔离柜之间存在相对幅值较大的 TEV 及超声波信号，且开关柜上部信号强度较之中、下部要大，初步判断局部放电源在开关柜后上部母线室的可能性较大。

6 月 19 日，对 35kV Ⅰ段母线开关柜进行了针对性复测，具体结果见表 11－1。

表 11－1　　220kV 某站 35kV Ⅰ段母线开关柜局部放电测试结果　　单位：dB

站名	某 220kV 变电站				电压等级		35kV		
设备型号	MDT－PDetector				测试时间		2015 年 6 月 19 日 11:19:36		
天气	多云		温度		23℃		湿度		55%RH
空气读数	44 dB		AE 背景噪声		－7dB		UHF 背景噪声		—
金属背景 1	60 dB		金属背景 2		60dB		金属背景 3		60dB
间隔名称	暂态地电压检测								超声波检测
	前中	前下	后上	后中	后下	侧上	侧中	侧下	
1 号主变压器 301 断路器间隔	60	60	60	60	60	60	60	60	后中右 13 后中左 9

续表

间隔名称	暂态地电压检测								超声波检测
	前中	前下	后上	后中	后下	侧上	侧中	侧下	
35kV 1 号站用变压器 83 间隔	60	60	60	60	60	—	—	—	前右中 7
35kV Ⅰ段母线 TV 间隔	60	55	55	54	54	—	—	—	-6
35kV 某线 323 断路器间隔	55	54	55	54	51	—	—	—	-7
35kV 待用 1 线 321 断路器间隔	55	54	54	52	49	—	—	—	-6
35kV 某线 319 断路器间隔	54	56	50	46	44	—	—	—	-5
35kV 某线 317 断路器间隔	52	47	52	49	43	—	—	—	-7
35kV 某线 315 断路器间隔	51	48	55	50	47	—	—	—	-6
35kV 某线 313 断路器间隔	58	47	54	53	50	—	—	—	-7
35kV 1 号电容器 311 断路器间隔	53	50	46	47	45	—	—	—	后上右 8
35kV 分段 300-1 间隔	59	53	48	47	48	—	—	—	后右中 10
35kV 分段 300 断路器间隔	53	45	50	48	46	—	—	—	后左下 5

2.1 暂态地电压检测

测量地电波环境值，在金属门窗上取得两个地电波背景值为 60、60dB，环境干扰较大。关闭照明灯、风机、空调，地电波依旧为 60dB，故开关柜地电波测试数据为 60dB，证实存在局部放电现象。

2.2 超声波检测

由数据可知，1 号主变压器 35kV 侧 301 断路器间隔开关柜后中右部超声波幅值为 13dB，柜后中左部为 9dB；1 号站用变压器 83 间隔开关柜前右中部超声波幅值为 7dB；1 号电容器 311 断路器间隔开关柜后上右部超声波幅值为 7dB；分段 300-1 隔离柜后右中部超声波幅值为 10dB；分段 300 断路器间隔开关柜后左下部超声波幅值为 5dB。

根据现场开关柜结构布置和超声波检测情况（见图 11-1、图 11-2），1 号主变压器 35kV 侧 301 断路器间隔开关柜与 1 号站用变压器 83 间隔开关柜之间，以及 1 号电容器 311 断路器间隔开关柜与分段 300－1 隔离柜之间超声幅值最高，局部放电量较大，定位局部放电源为开关柜的母线室内。

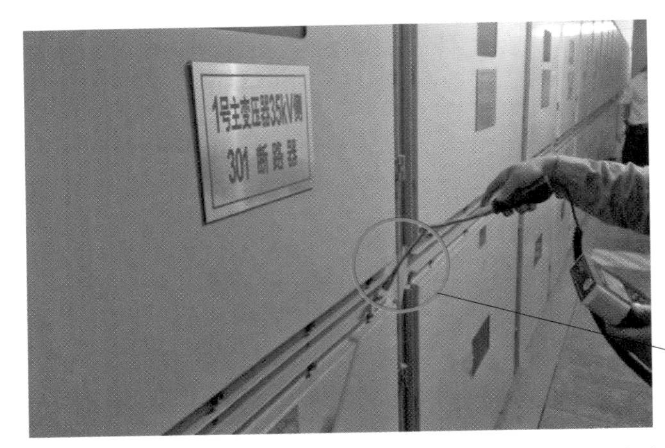

图 11－1　1 号主变压器 35kV 侧 301 断路器间隔开关柜超声波测试

图 11－2　35kV 分段 300－1 隔离柜超声波测试

2.3　特高频检测

因为开关柜存在观察窗，可以进行特高频检测，测试周围环境，发现现场存在较强干扰，背景信号在 56dB 左右，35kV 开关室内的 1 号主变压器 35kV 侧 301 断路器到分段 300 断路器柜的观察窗都检测到特高频信号，图谱有一定的局部放电特征。特高频图谱如图 11－3 所示。关闭增益，获得环境特高频图谱如图 11－4 所示。

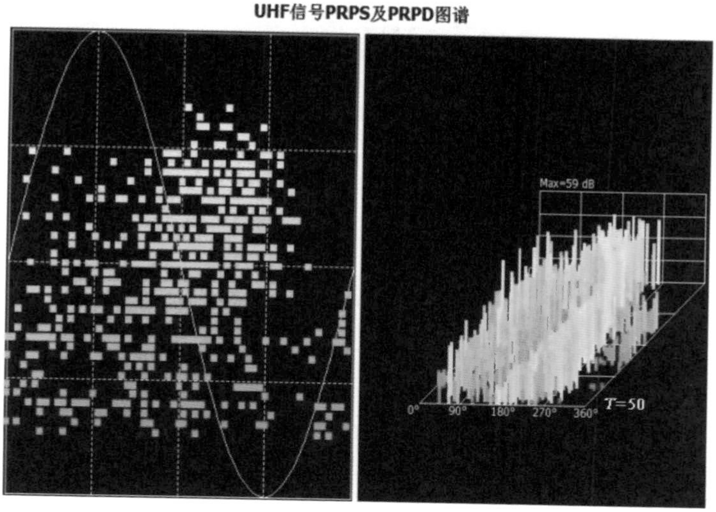

UHF信号PRPS及PRPD图谱
Max=59 dB
0°
90°
180°
270°
360°
T=50

图 11－3　环境特高频图谱（打开增益）

UHF信号PRPS及PRPD图谱
Max=0 dB
0
0°
90°
180°
270°
360°
T=50

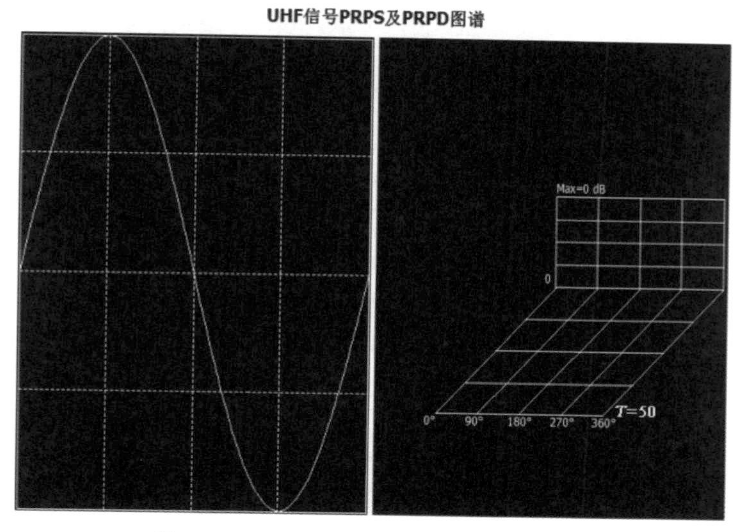

图 11－4　环境特高频图谱（关闭增益）

由图 11－4 可知，排除了现场环境的干扰。对 1 号主变压器 35kV 侧 301 断路器间隔开关柜前后部进行测试，测试数据如图 11－5、图 11－6 所示。

由图 11－5、图 11－6 可知，特高频异常信号来自由于开关柜背部，且背部上方特高频信号较强烈，随后对后方变压器侧母线桥进行特高频检测（测试见图 11－7），测试数据如图 11－8 所示。

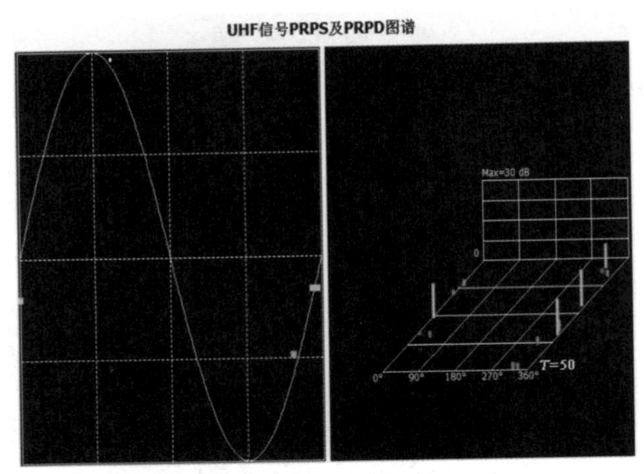

图 11-5 1号主变压器 35kV 侧 301 断路器间隔开关柜前部特高频图谱

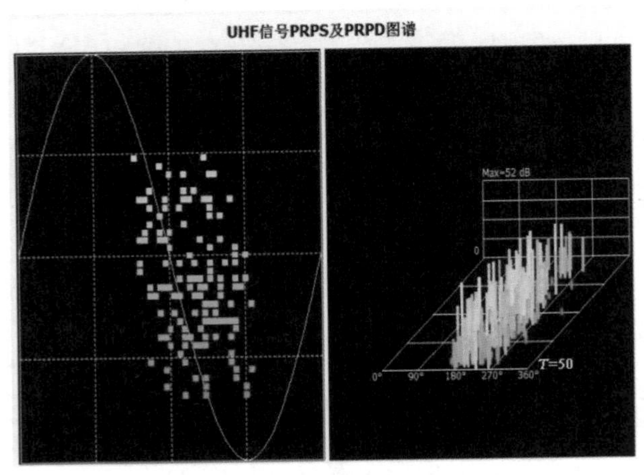

图 11-6 1号主变压器 35kV 侧 301 断路器间隔开关柜背部特高频图谱

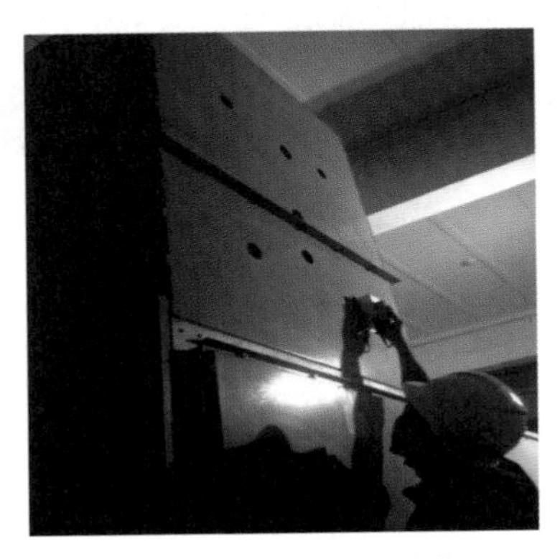

图 11-7 母线桥测试

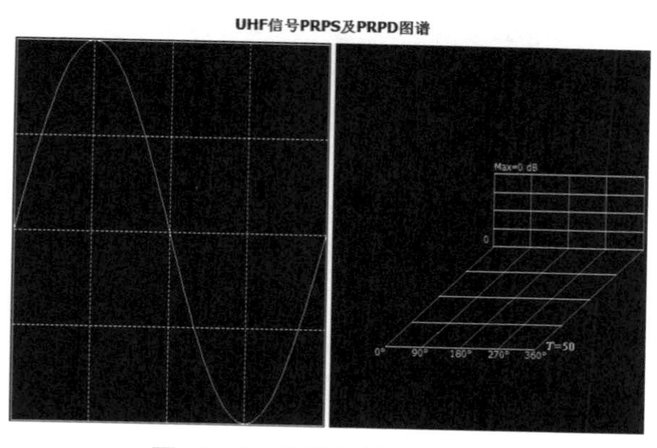

图 11－8　母线桥特高频图谱

由图 11－7、图 11－8 分析，特高频信号不是来自变压器侧母线桥，而是来自背部中上侧。结合超声波幅值图谱分析，判断局部放电源存在于开光柜后部母线室内，母线存在悬浮电位放电，原因可能是主母线与分支母线连接松动或者穿柜套管内部均压弹簧击穿所致。

3　隐患处理情况

8 月 4 日，对 35kV Ⅰ段母线进行了停电处理，并逐柜打开母线室（内部结构见图 11－9），对室内各部件进行了清扫，同时对母排连接螺栓扭矩进行了全面校验，重点对穿柜套管内部进行了仔细检查（见图 11－10）。检查发现，1 号主变压器 35kV 侧 301 断路器间隔开关柜与 1 号站用变压器 83 间隔开关柜连接的 A、B 相穿柜套管内壁有严重的放电痕迹，附有大量的放电残渣（见图 11－11），且安装在母线上的“几”字形钢材质均压弹簧电灼烧严重，已被击穿（见图 11－12）。1 号电容器 311 断路器间隔开关柜与分段 300－1 隔离柜 B、C 相穿柜套管的情形同样如此。

图 11－9　开关柜内母线、分支母线、穿柜套管布置情况

图 11-10　穿墙套管内壁检查

图 11-11　穿柜套管内壁放电痕迹

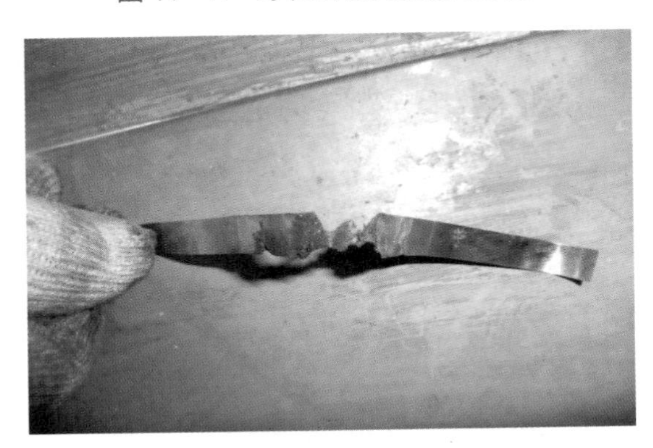

图 11-12　母线均压弹簧电灼烧严重

究其原因主要为 35kV Ⅰ 段母线两端开关柜母线仅有一端有母线支撑块，安装在与相邻柜连接的穿柜套管内。长时间运行母排异位加上运行环境湿度较大，极易造成均压弹簧的变形，由此内部电场分布变得不再均匀，造成均压弹簧的击穿放电。

实际中重点对放电套管内壁及均压弹簧的安装孔进行了清扫、打磨处理，重新更换了均压弹簧，见图 11－13。随后对柜体各部进行恢复，耐压试验通过。投运后，局部放电测试一切正常。

图 11－13　更换主母线上安装的均压弹簧

4　经验体会

（1）开关柜属于密闭式设备，其运行状况存在问题不能直观地发现，这就需要采用超声波、暂态地电压等检测手段来分析判断，从而及时发现缺陷并准确地进行定位。

（2）加强对开关柜的带电检测，及早发现类似隐患并处理，防患于未然。定检工作中，更加重视对母线室各部件的清扫、检查工作，尤其应加强对穿柜套管内部组件及防爆通道的检查。

（3）此案例中所发现的问题应引起重视，结合停电排查公司目前运行的该类型开关柜是否存在类似问题，带电检测时对开关柜要重点检测，发现问题时要及时上报并进行处理。

案例12 某供电公司220kV某变电站35kV开关柜局部放电带电检测

1 案例经过

220kV某变电站35kV开关柜为某有限公司生产的ZS3.2金属封闭开关设备，于2009年12月25日投运。8月1日进行的超声波、暂态地电压和特高频检测过程中，发现35kV 4号电容器314、5号电容器315、6号电容器316、分段二3002、分段二3002－2开关柜超声波检测信号异常，且能够明显听到“嗞嗞”的放电声音。与迎峰度夏前及历年带电检测数据相比，有增长趋势。

2 检测分析方法

2.1 超声波和地电压局部放电检测

超声波检测过程中试验人员将超声波传感器置于相邻开关柜间的缝隙处，发现35kV 4号电容器314、5号电容器315、6号电容器316、分段二3002、分段二3002－2明显偏大，人耳能听见明显的放电声音；用地电压检测发现，分段二3002开关柜地电波数值最大，见表12－1和图12－1。

表12－1　高压开关柜局部放电超声波检测数据　单位：dB

序号	开关柜名称	地电波		超声波				
		前中	前下	后上	后中	后下	前	后
1	35kV 2号所变压器310	35	37	39	40	41	－5	－7
2	某1线 311	38	37	39	41	40	－6	－4
3	2号主变压器 32	39	40	39	41	41	－6	－7
4	35kV 2TV	35	36	36	37	35	－6	－5
5	某线 312	35	34	36	37	39	－5	－4
6	某1线 313	30	31	34	35	33	－6	－3
7	35kV 4号电容器 314	49	48	50	52	51	－5	8
8	35kV 5号电容器 315	47	49	51	51	50	－4	9
9	35kV 6号电容器 316	38	39	51	52	53	－4	16

续表

序号	开关柜名称	地电波		超声波				
		前中	前下	后上	后中	后下	前	后
10	35kV 分段二 3002	38	39	50	45	43	－5	15
11	35kV 分段二 3002－2	34	38	45	46	41	－5	9
12	某线 317	30	28	29	32	30	－6	－4
13	35kV 3 号所变 318	31	32	34	34	36	－7	－6
14	某 2 线 319	27	29	30	32	33	－6	－4
15	3 号主变压器 33	24	26	26	27	26	－5	－6
16	35kV 3TV	21	23	24	26	27	－7	－4
17	某 2 线 320	23	25	27	27	28	－4	－5
18	招库线 321	27	29	29	30	31	－3	－4
19	35kV 7 号电容器 322	28	27	30	31	30	－7	－6
20	35kV 8 号电容器 323	19	20	22	25	23	－5	－4
21	35kV 9 号电容器 324	18	17	20	24	23	－6	－8

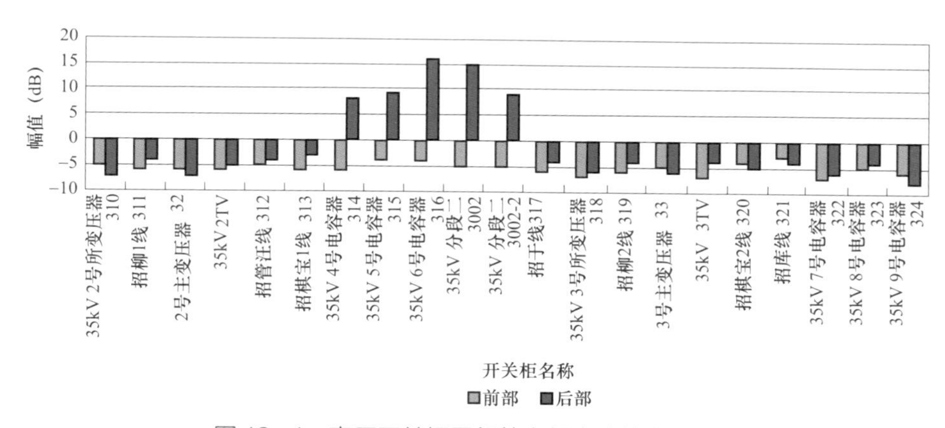

图 12－1　高压开关柜局部放电超声波数值柱状图

检测人员将超声波传感器置于开关柜间缝隙从下至上进行检测，发现越靠近顶部母线室超声波数值越大，最后发现 6 号电容器 316 与分段二 3002 开关柜间母线室超声波最大，如图 12－2～图 12－6 所示。

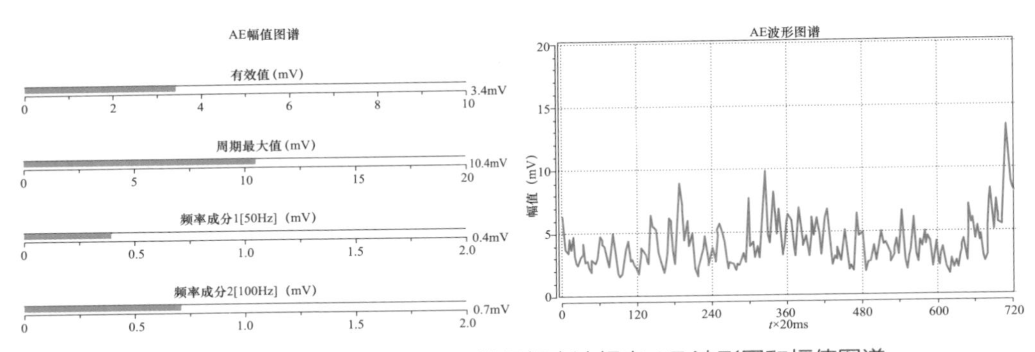

图 12－2　4 号电容器 314 开关柜超声波超声 AE 波形图和幅值图谱

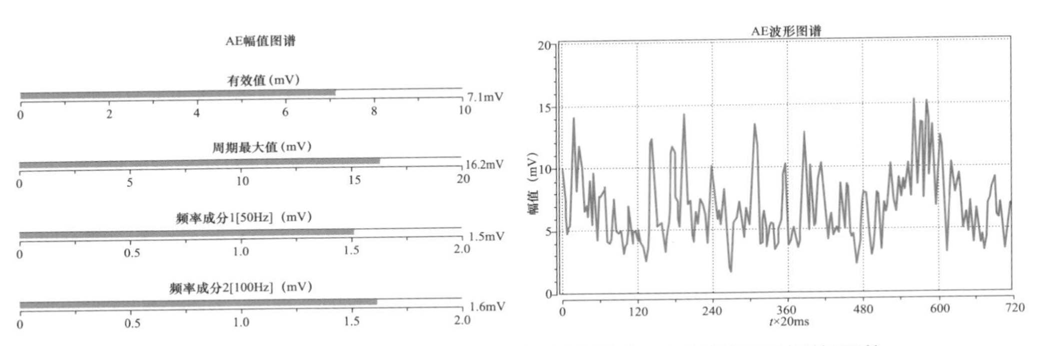

图 12－3　5 号电容器 315 开关柜超声波超声 AE 波形图和幅值图谱

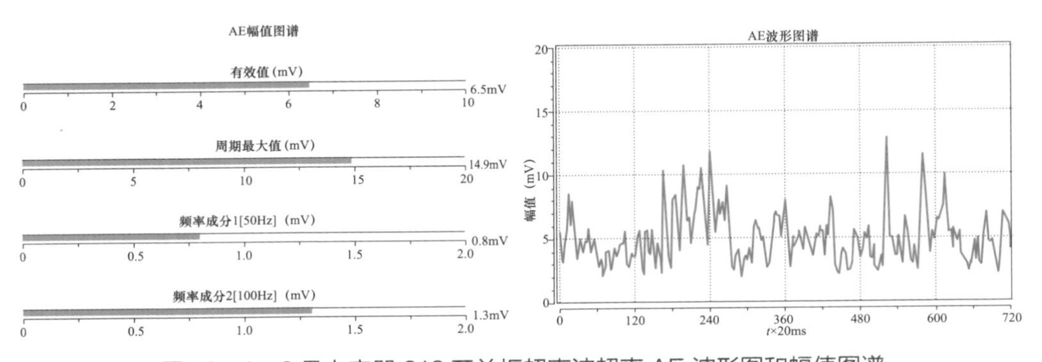

图 12－4　6 号电容器 316 开关柜超声波超声 AE 波形图和幅值图谱

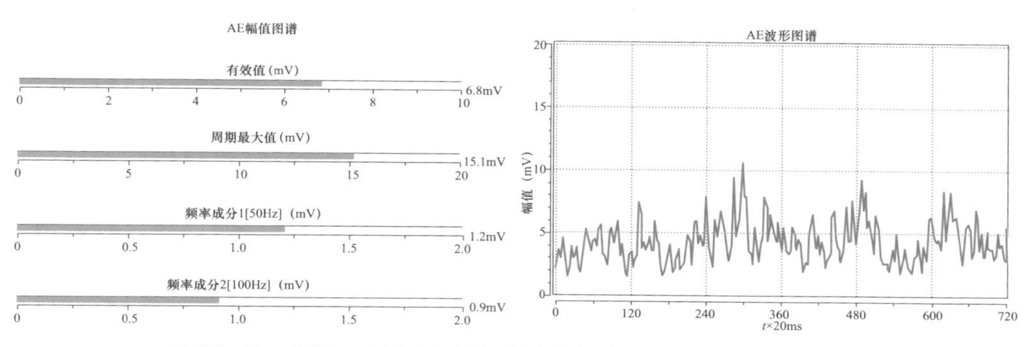

图 12－5　分段二 3002 开关柜超声波超声 AE 波形图和幅值图谱

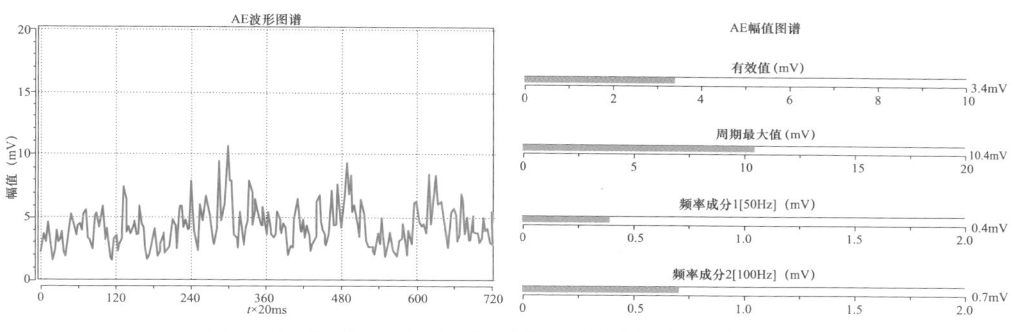

图 12－6　分段二 3002－2 开关柜超声波超声 AE 幅值图谱

从以上超声波幅值图和波形图可知，上述开关柜超声信号较强且具有一定周期性，频率成分 1（50Hz 相关性）、频率成分 2（100Hz 相关性）信号明显，结合声音“嗞嗞”的特点，可初步判断放电类型为悬浮电位放电。

2.2　特高频检测

试验人员对上述五面开关柜进行特高频检测，主要通过开关柜观察窗进行，测试图谱如图 12－7～图 12－11 所示。

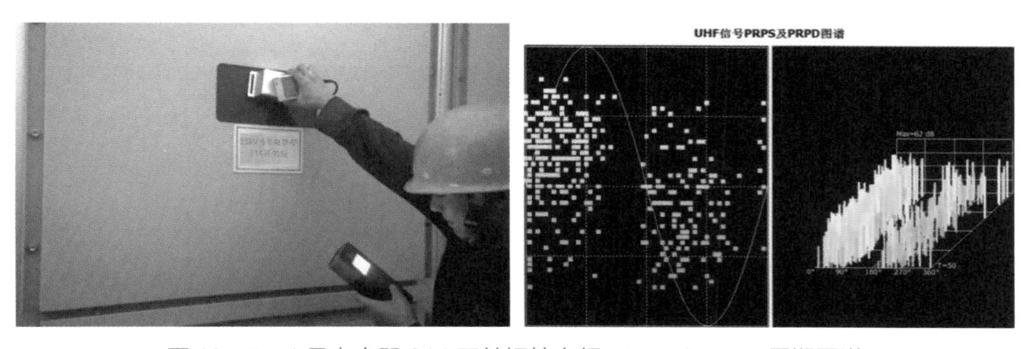

图 12－7　4 号电容器 314 开关柜特高频 PRPD/PRPS 周期图谱

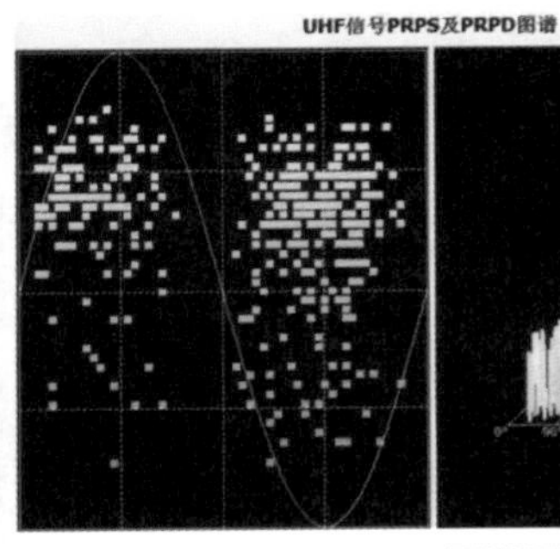

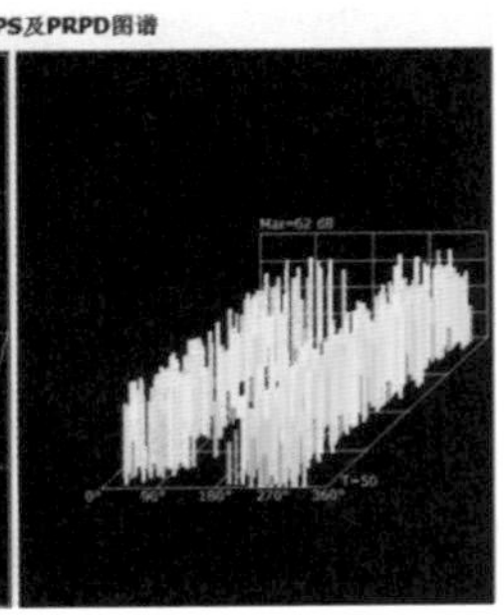

图 12－8　5 号电容器 315 开关柜特高频 PRPD/PRPS 周期图谱

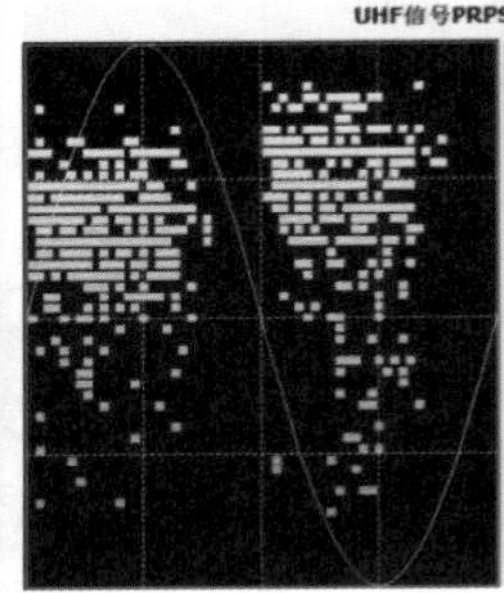

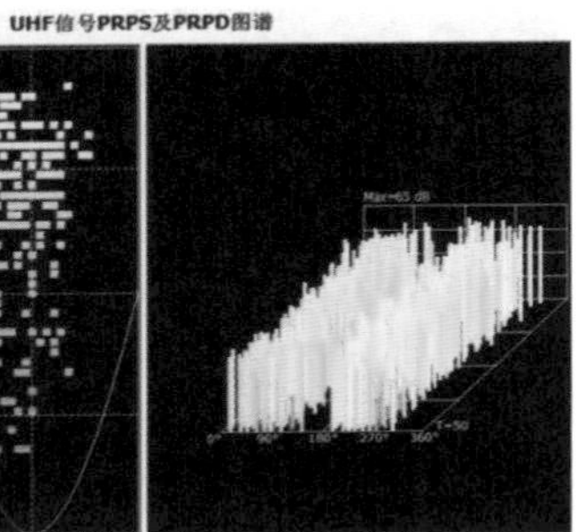

图 12－9　6 号电容器 316 开关柜特高频 PRPD/PRPS 周期图谱

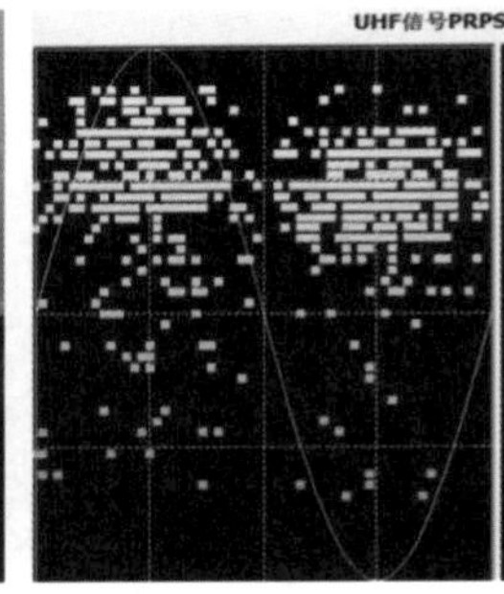

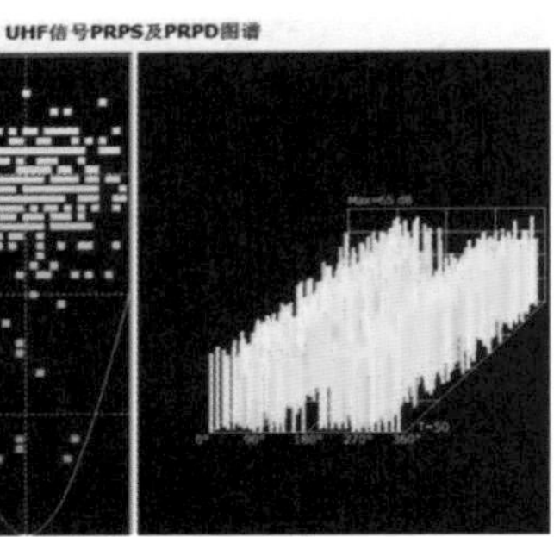

图 12－10　分段二 3002 开关柜特高频 PRPD/PRPS 周期图谱

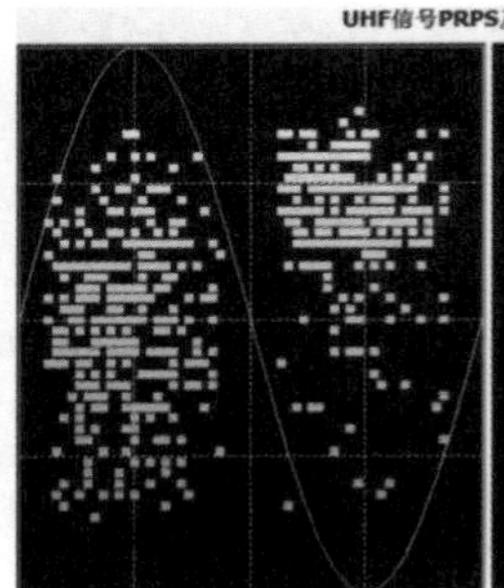

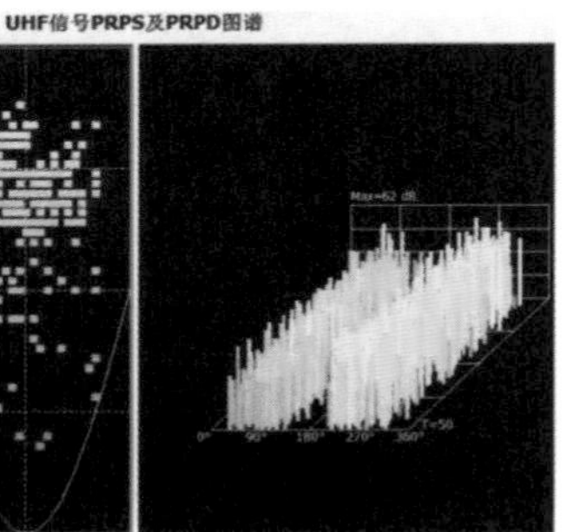

图 12－11　分段二 3002－2 开关柜特高频 PRPD/PRPS 周期图谱

特高频 PRPD/PRPS 周期图谱显示，在工频相位的正、负半周均出现特高频脉冲信号，且具有一定的对称性，放电信号幅值较大，其中以分段 3002 开关柜最大、信号较强。经图谱分析，放电类型为悬浮电位放电。

从测试数据可以得出，某站 35kV 开关柜存在悬浮放电，且可确定为悬浮放电，从数值大小可知放电位于分段二 3002 开关柜，从超声波检测可知放电位置位于分段二 3002 开关柜母线仓。鉴于此类放电多次出现，且均为母线穿墙套管均压弹簧松动造成悬浮放电，此次放电应属此种。

3　隐患处理情况

11 月 12 日，对 35kVⅡ段母线进行了停电处理。逐柜打开母线室，对母线室内各部件进行了清扫，并对母排连接螺栓扭矩进行全面校验，重点对穿柜套管进行了仔细检查（见图 12－12）。检查发现，6 号电容器 316 开关柜与分段二 3002 开关柜连接的 B 相穿柜套管外壁有严重的放电痕迹，呈黑色，套管表面粉尘附着较多（见图 12－13）。

图 12－12　开工会及安全措施

图 12－13　分段 3002 开关柜后柜穿墙套管外观

对穿墙套管内壁进行仔细检查，发现内壁有严重的放电痕迹，并附有大量的放电白色粉末残渣，在均压弹簧安装处有大量放电后残留的粉末（见图 12－14）。

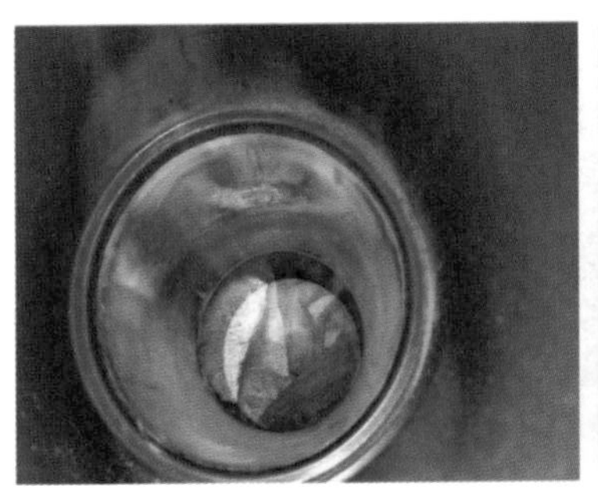

图 12－14　穿墙套管内壁放电痕迹

将有放电痕迹的套管拆下，发现安装在母线上的 Z 形钢材质均压弹簧电灼烧严重，如图 12－15、图 12－16 所示。

图 12－15　Z 形均压弹簧电灼痕迹

图 12－16　穿墙套管外壁放电痕迹

工作人员随即更换穿墙套管，并对其他间隔套管进行检查，未发现异常。试验人员对开关施加 35kV 电压并检测现场局部放电（见图 12－17），未发现放电现象。

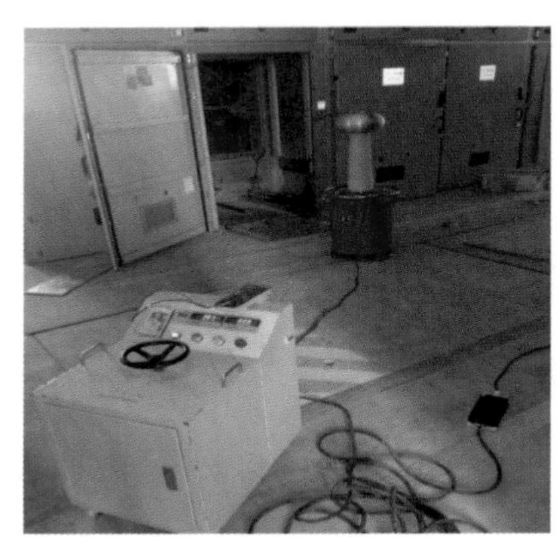

图 12－17　交流耐压试验

4　经验体会

（1）某供电公司 ABB 开关柜 D 型母线穿墙套管的均压弹簧多次因运行中松动造成放电，且省供电系统内也多次出现此类现象，该缺陷应引起足够重视，并可提报家族性缺陷。

（2）开关柜 D 型母线因均压弹簧松动造成的悬浮放电，其超声波、特高频和地电压均出现放电信号，可提炼各地市公司所总结的典型案例，形成专项报告提供给供应商，以便在今后的技改及基建工程中避免该类设备的投运。

案例 13 某供电公司 220kV 某变电站 35kV 2 号主变压器 302 开关柜悬浮放电

1 案例经过

2017 年 7 月 9 日，在对 220kV 某站 35kV 开关柜设备开展超声波局部放电带电检测时，发现 2 号主变压器低压侧 302 断路器开关柜背面多处测点存在超声波局部放电异常放电信号，并可听到放电声音，暂态地电压、特高频局部放电检测均可检测到异常。试验班人员针对此情况，缩短带电检测周期，加强检测频次，分别于 7 月 31 日和 8 月 18 日进行复测，均检测到该异常信号，且具有明显增长趋势，并准确定位放电位置。随即对其进行停电处理，发现 A 相穿板绝缘子内均压弹片接触不良产生悬浮放电，修复后放电声音消失，复测均正常。

2 检测分析方法

2.1 7 月 9 日带电检测情况

7 月 9 日对 220kV 某站开关柜开展带电检测工作时，发现 2 号主变压器低压侧 302 断路器开关柜背面到异常放电信号，最大幅值位于开关柜后中、后上部位置，最大幅值为 22dB，背景 –8dB，信号最大位置处如图 13–1 所示，并可借助耳机听见内部有持续放电声音，利用幅值法和超声波的传播特性可判断该信号来自开关柜内部；特高频局部放电图谱与环境背景特征类似，具有典型放电图谱特征，采用时间领先法可确定环境背景信号为开关柜内放电发出。暂态地电压局部放电检测最大值 60dB，背景噪声 50dB，虽差值并没有达到缺陷判据，但背景值较大，结合另外两种检测手段，初步判断应来自柜体内部放电，而非外部空间造成。综上，可判断该开关柜内存在异常放电情况，需缩短检测周期，跟踪放电发展趋势。

检测情况如表 13–1 所示，其中 323 柜与 302 柜相邻。

表 13–1　　带电检测情况汇总

项目	35kV 4 号电容器 323 柜	2 号主变压器低压侧 302 柜	背景幅值（dB）
超声检测最大幅值（dB）	0	22	–8
暂态地电压检测最大幅值（dB）	58	60	50
特高频局部放电检测	见图 13–2	见图 13–3	见图 13–4（背景图谱）

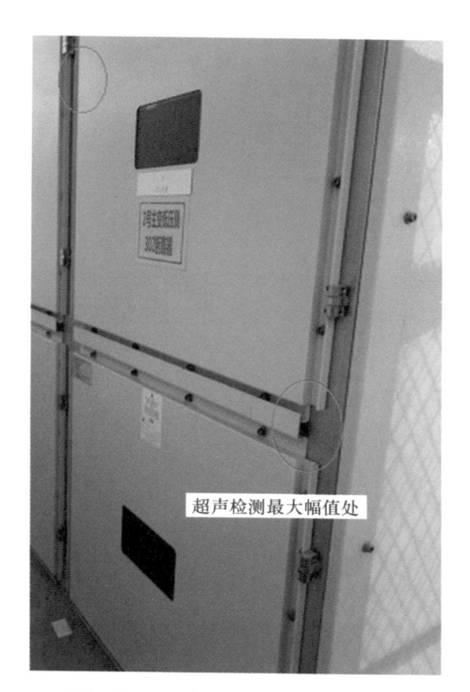

图 13－1　超声波检测最大位置

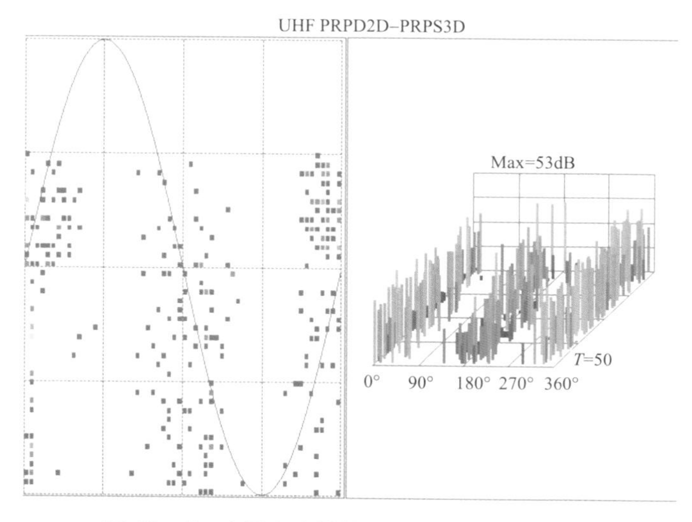

图 13－2　4 号电容器柜 PRPS、PRPD 图谱

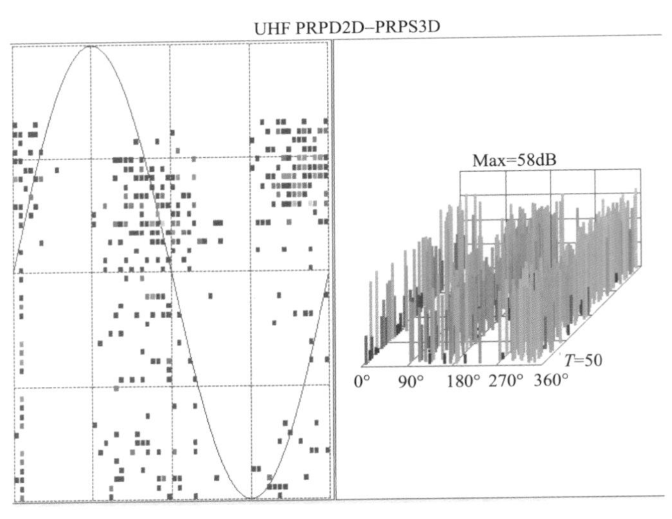

图 13–3　2 号主变压器低压侧 302 柜 PRPS、PRPD 图谱

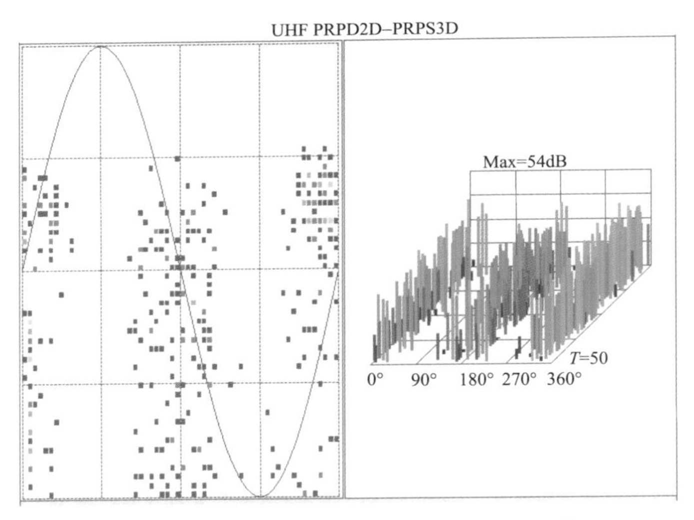

图 13–4　背景检测 PRPS、PRPD 图谱

2.2　8 月 18 日检测情况

8 月 18 日对 220kV 某站开关柜复测时，发现 2 号主变压器低压侧 302 断路器开关柜背面超声波局部放电检测异常，且裸耳可听见内部有明显间歇性放电声音，背景 –8dB，最大值已超该单位下量程，检测信号最大位置如图 13–5 所示。与 2 号主变压器低压侧 302 开关柜相邻的 35kV 4 号电容器 323 开关柜后可用仪器检测到放电声音，检测值异常，声音与数值明显比 2 号主变压器低压侧 302 断路器开关

柜小。特高频局部放电检测到异常放电图谱，具有悬浮放电特征，低增益下达 62dB，如图 13－6 所示。背景和相邻柜并没有发现异常，这与 7 月 9 日的检测结果不同，因判断内部放电为悬浮放电，随着放电不断发展，放电间隙被烧灼逐渐扩大，放电信号频率会逐渐提高。根据电磁波传播特性，频率越高，其波长越短，衍射效应不明显，在传播过程中衰减很大，在穿过障碍时损耗极大，因此相邻柜体和外部空间在此种情况下已较难检测到异常信号，这是造成两次检测不同的原因，同时也从另一角度证明，该缺陷发展较快。暂态地电压检测到异常值 60dB，背景 54dB，比先前检测时有所增大，可结合停电确定真实背景，对暂态地电压检测结果进行验证，检测情况如表 13－2 所示。

表 13－2　　　　　　　　带电检测情况汇总

项目	35kV 4 号电容器 323 柜	2 号主变压器低压侧 302 柜	背景幅值（dB）
负荷电流（A）	130	127	
超声检测最大值（dB）	12	超量程（大于 27）	－8
暂态地电压检测最大幅值（dB）	60	60	54
特高频检测	正常	见图 13－6	无放电特征图谱

图 13－5　超声波检测最大位置

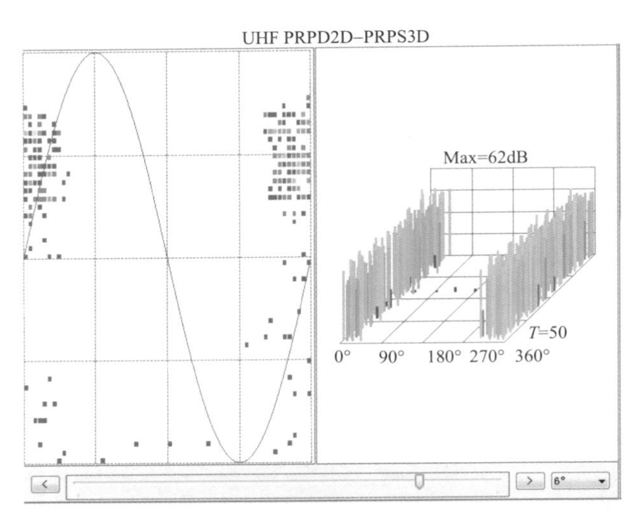

图 13－6　302 柜特高频局部放电检测 PRPS、PRPD 图谱（低增益）

8 月 21 日，工作人员持一种票将 35kV 2 号主变压器低压侧 302 开关柜解体查找放电部位，如图 13－7 所示，设备外观检查无异常；9 时对其进行交流耐压试验，升至运行电压几分钟后，可听到明显放电声音，并采用紫外放电检测仪查找放电位置，未见明显异常；随后又重点检查了设备内部及紫外放电检测盲区，于 A 相穿板绝缘子内部发现均压弹片已变形，接触不良形成悬浮电位，放电烧灼产生大量金属氧化物粉末，如图 13－8 所示。

图 13－7　解体检查穿板绝缘子

图 13－8　均压弹片悬浮放电

11 时，对该处均压弹片进行了修复，并清理了金属氧化物粉末，恢复设备，进行了绝缘电阻和交流耐压试验，试验合格。随即恢复送电，放电声音消失，并进行带电复测，各项检测均正常。至此，220kV 某站 2 号主变压器低压侧 302 开关柜 A 相穿板绝缘子悬浮放电重大隐患处理工作全部结束。

3　经验体会

（1）暂态地电压是检测开关柜的有效手段，在开关柜带电检测中可结合特高频、超声波等检测手段进行综合判断。

（2）开关柜因为内部结构紧凑，内部结构复杂，容易引起局部放电。

第三篇　开关柜内母线放电典型案例

案例14　某供电公司220kV某变电站35kV 1号变压器301开关柜局部放电带电检测

1　案例经过

220kV某变电站35kV开关柜在8月22日进行超声波与暂态地电压检测过程中，发现35kV 1号变压器301开关柜超声波检测信号异常，且能够听到明显放电声音，放电声音间断出现。为对异常情况进行跟踪检测，观察信号发展趋势，9月6日，对上述开关柜进行复测。检测过程中，220kV某变电站35kV 1号变压器301开关柜超声波异常信号均比8月22日检测数据有所增长，且能听到连续的放电声音。10月20日对1号变压器301开关柜进行停电处理。

2　检测分析方法

2.1　超声波局部放电检测

超声波检测过程中试验人员将超声波传感器沿着开关柜上的缝隙扫描检测，先后在8月22日，9月6日、10月20日缺陷处理前后进行四次开关柜超声波局部放电检测，测试数据如表14－1所示，经过四次测试，可以得出处理后柜子的放电幅值均恢复正常。

表14－1　　高压开关柜局部放电超声波检测数据

设备名称	型号	超声波法（dB）			检测日期
		有无放电声音	幅值	危险等级	
1号变压器301	KYN－40.5	有	20	缺陷	8月22日
		有	26	缺陷	9月6日
		有	30	缺陷	10月20日停电前

2.2　暂态地电压

同时，试验人员也对开关柜进行暂态地电压检测，主要检测母排（连接处、穿墙套管、支撑绝缘件等）、断路器，TA、TV、电缆等设备所对应到开关柜柜壁的位置，这些设备大部分位于开关柜前面板中部及下部，后面板上部、中部及下部，侧面板的上部、中部及下部，如表14－2所示。

表 14－2　　高压开关柜局部放电超声波与暂态对地电压检测数据

序号	设备名称	型号	暂态对地电压（dB）					
			开关柜前面		开关柜背面			危险等级
			中	下	上	中	下	
			幅值	幅值	幅值	幅值	幅值	
8 月 22 日测试结果								
1	1 号变压器 301	KYN－40.5	14	11	26	30	27	异常
9 月 6 日测试结果								
1	1 号变压器 301	KYN－40.5	14	11	29	32	28	异常
10 月 20 日开关停电前测试结果								
1	1 号变压器 301	KYN－40.5	15	15	31	35	30	异常

从测试数据可以看出，8 月 22 日和 9 月 6 日暂态地电压相对值超过注意值 20dB，处于异常状态；10 月 20 日停电前，35kV 1 号变压器 301 暂态地电压的试验数据相比前两次测试数据变大。

2.3　停电后外观检查

停电后将断路器拖至柜外，打开 35kV 1 号变压器 301 开关柜后柜门检查，发现开关柜内部 35kV 母线引下排对接地刀闸动触头存在放电痕迹，如图 14－1 所示。35kV 母线引下排外绝缘护套老化，在空气中潮气进入开关柜内后，致使引下排折弯处与接地刀闸动触头绝缘强度不足而产生对地放电击穿。

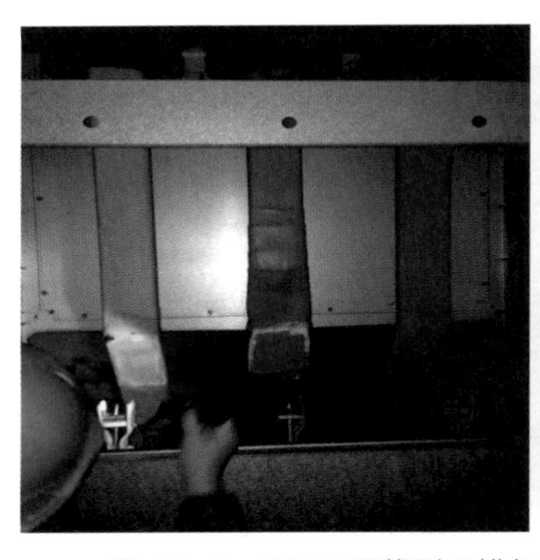

图 14－1　35kV 母线引下排与接地刀闸动触头间放电（一）

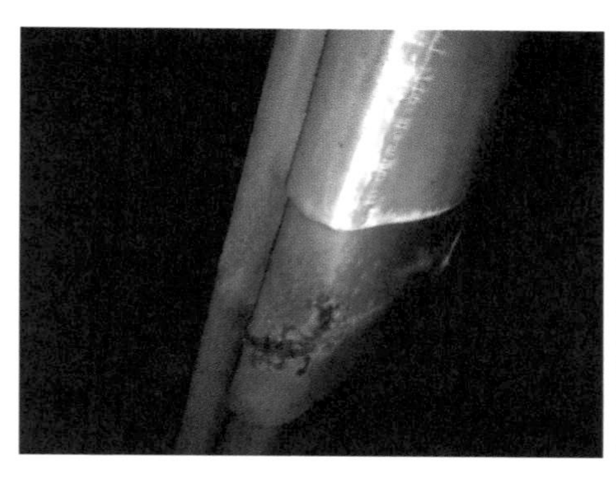

图 14－1　35kV 母线引下排与接地刀闸动触头间放电（二）

3　隐患处理情况

10 月 20 日 1 号变压器 301 开关柜停下电后，对 301 开关柜内母线引下排老化的外绝缘护套进行了拆除，并更换了新的绝缘护套（见图 14－2），电缆出线孔全部从电缆层侧进行防潮封堵，并对 35kV 所有间隔加热器进行检查（包含启动定值、运行状态等），确保加热器工作正常。在晴朗、干燥天气条件下，高压室、电缆层开启排风机进行强制排风驱湿，阴雨、潮湿天气条件下停止排风，在高压室、电缆层增加排风装置，提高驱湿效果，降低开关柜受潮，避免开关柜因绝缘强度不足而出现放电现象。

图 14－2　35kV 母线引下排绝缘护套处理

送电后，对 301 开关柜后柜进行局部超声波测试，数据合格，见表 14－3。

表 14-3　　高压开关柜局部放电超声波检测数据

设备名称	型号	超声波法			
		有无放电声音（dB）	幅值（dB）	危险等级	检测日期
1 号变压器 301	KYN-40.5	无	5	正常	10 月 20 日恢复送电后

4　经验体会

（1）超声波局部放电检测一般检测频率在 20~100kHz 之间的信号，若有数值显示，可根据显示的 dB 值进行分析。若检测到异常信号，可利用超高频检测法、频谱仪和高速示波器等仪器和手段进行综合判断。

（2）在进行开关柜暂态地电压检测时，每个站所有开关柜检测应使用同一设备进行。有异常情况时，可开展长时间在线监测，采集监测数据进行综合判断。

（3）KYN-40.5 型号开关柜内部 35kV 母线引下排与接地刀闸动触头之间绝缘距离裕度不足，存在 35kV 母线对地击穿放电的可能，运行中要加强对该型号开关柜的检测，提前发现隐患并及时停电处理。

案例 15　某供电公司 220kV 某变电站 35kV 主变压器开关柜及母线舱放电

1　案例经过

2017 年 6 月 21 日，变电某室电气试验一班开具两种工作票对 220kV 某变电站 35kV 开关柜进行局部放电 TEV、超声波检测。检测过程中发现，在 2 号主变压器 302 开关柜及 35kV 待用Ⅷ328 出线柜超声波信号异常，超声波信号分别为 13mV 和 23mV，背景噪声为 1mV。

8 月 23 日，电气试验一班对其进行局部放电 TEV、超声波检测。检测过程中使用空气超声发现，在 35kV 2 号主变压器 302 开关柜后面板位置检测到异常超声信号，最大超声信号为 164mV，位于开关柜后面板底部，背景噪声为 3mV，较上周期幅值（13mV）明显增大，柜体后面板中下部缝隙能够听到明显的放电声。鉴于 220kV 某变电站 35kV 2 号主变压器 302 开关柜存在局部放电，且局部放电数值有明显的增长趋势，决定对 35kVⅡ母线进行停电检查，并做相关例行试验，保障设备平稳运行。

8 月 24 日下午，220kV 某变电站 35kVⅡ段母线由运行转检修，变电运维人员做好安全措施后，开始进行 35kVⅡ段母线开关柜放电处理，对 2 号主变压器 302 开关柜、35kV 某Ⅱ线 329 开关柜、35kV 待用Ⅷ328 开关柜触头盒进行了更换，对 35kVⅡ母线开关柜内绝缘护套进行了擦拭裁剪，并对更换后的开关柜进行绝缘耐压测试，试验结果正常。恢复送电后，对 35kVⅡ母线和 2 号变压器 302 开关柜进行暂态地电压、超声波局部放电检测，未发现放电现象。

2　检测分析方法

2.1　第一阶段测试（2017 年 6 月 21 日）

2.1.1　2 号主变压器 302 开关柜

2 号主变压器 302 断路器柜柜体后面板中上部检测的超声波信号检测幅值为 10mV 左右，背景噪声为 3mV，使用敞开式传感器在开关柜缝隙位置检测到超声波幅值在 13mV 左右，背景噪声为 1mV，通过耳机能够听到明显放电声，现场 TEV 检测信号幅值普遍偏大，TEV 检测幅值为 47dB 左右，背景噪声为 40dB，该异常超声信号与检测到的 TEV 信号无明显关联。检测位置及检测图谱如图 15－1～图 15－3 所示。

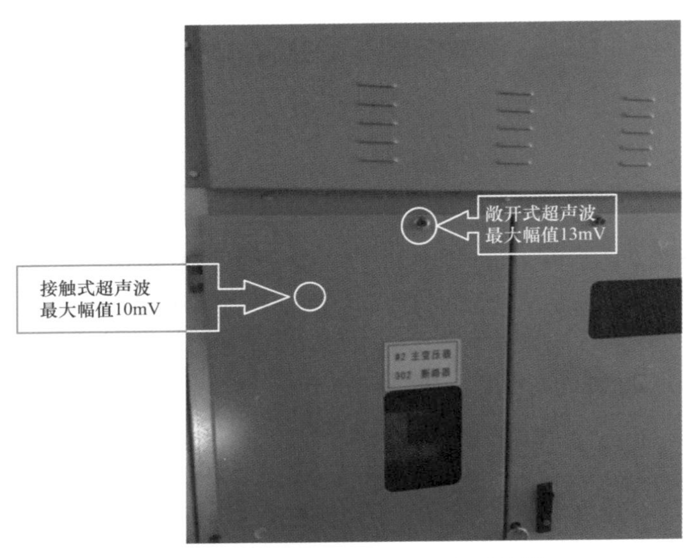

图 15-1　2 号主变压器 302 开关柜

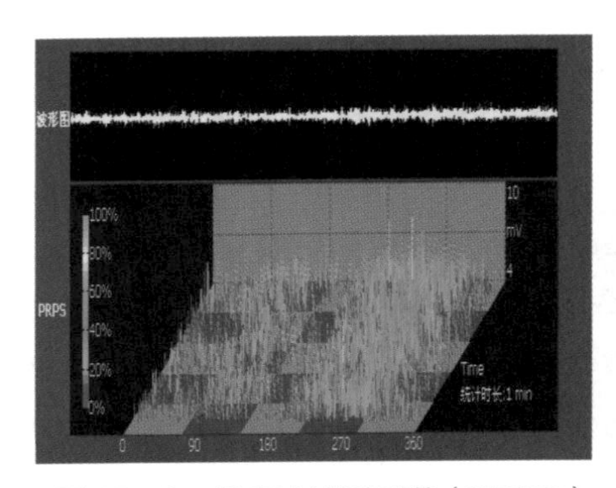

图 15-2　超声波检测图谱（PRPS）

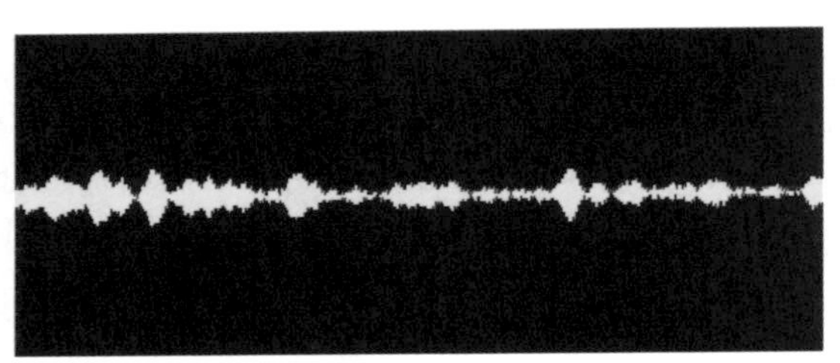

图 15-3　敞开式超声波检测图谱

2.1.2　35kV 待用Ⅷ328 出线柜

在 35kV 待用Ⅷ328 出线柜超声波检测过程中发现，待用Ⅷ328 出线柜面板顶部检测的超声波信号检测幅值为 27mV 左右，背景噪声为 3mV，使用敞开式传感器检测到超声波幅值在 23mV 左右，背景噪声为 1mV，通过耳机能够听到异常声音，现场 TEV 检测信号幅值普遍偏大，TEV 检测幅值为 49dB 左右，背景噪声为 40dB，该异常超声信号与检测到的 TEV 信号无明显关联。检测位置及检测图谱如图 15-4～图 15-9 所示。

图 15-4　35kV 待用Ⅷ328 出线柜

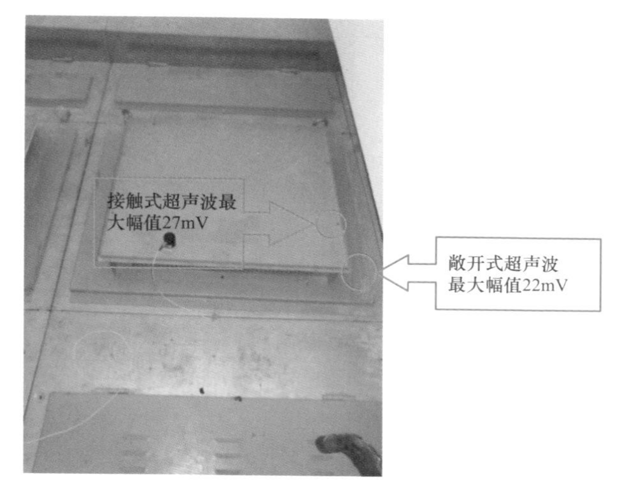

图 15-5　35kV 待用Ⅷ328 出线柜（顶部）

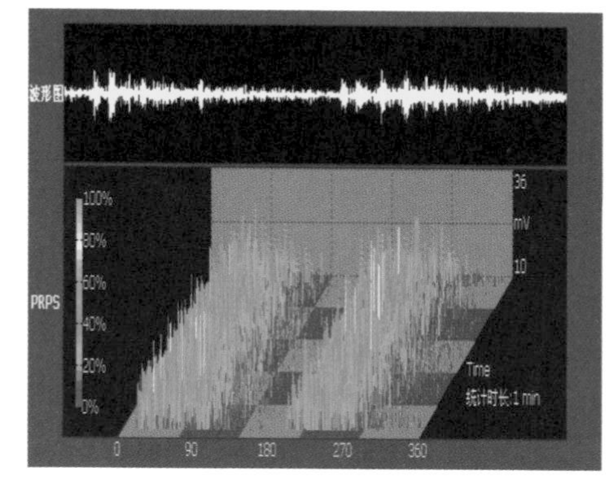

图 15-6　超声波检测图谱（PRPS）

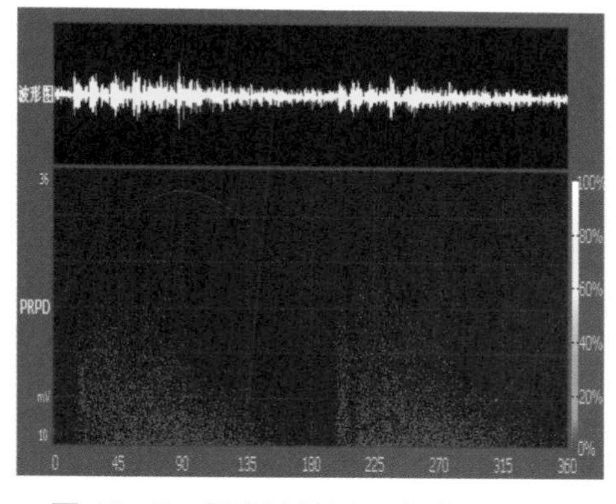

图 15-7　超声波检测图谱（PRPD）

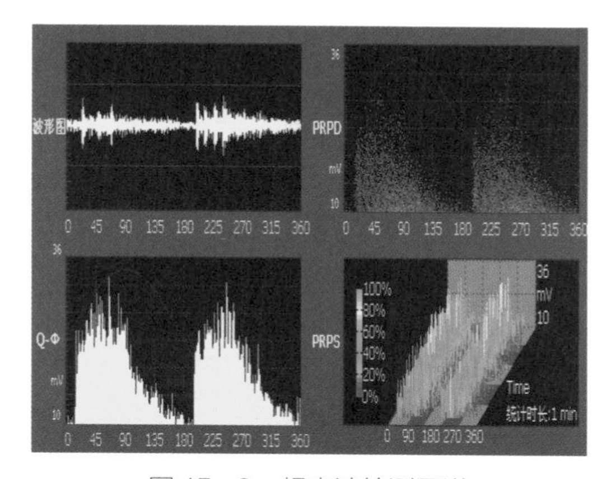

图 15-8　超声波检测图谱

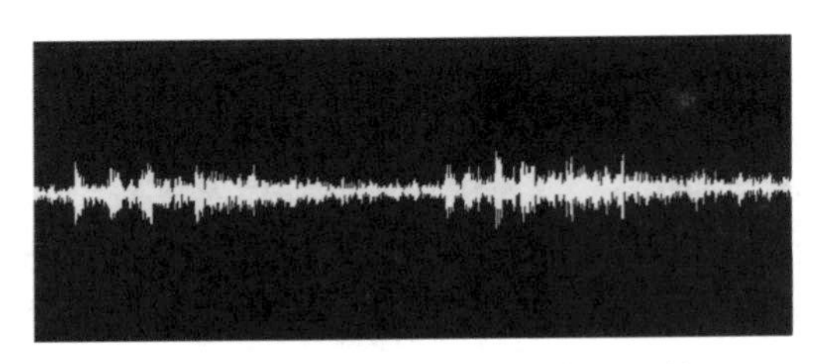

图 15－9　敞开式超声波检测图谱

2.2　第二阶段测试（2017 年 8 月 23 日）

2017 年 8 月 23 日，第二阶段测试过程中发现，35kV 2 号主变压器 302 开关柜后面板位置最大超声信号为 164mV，位于开关柜后面板底部，背景噪声为 3mV，较上周期幅值（13mV）明显增大；35kV 某Ⅱ线 329 开关柜后面板位置最大超声信号为 430mV，位于开关柜后面板顶部，背景噪声为 3mV，较上周期检测幅值（13mV）明显增大；35kV 待用Ⅷ328 开关柜后面板位置最大超声信号为 57.9mV，位于开关柜后面板顶部，背景噪声为 3mV，较上周期检测幅值（13mV）明显增大，如图 15－10～图 15－12 所示。

图 15－10　2 号主变压器 302 开关柜空气式超声波图谱

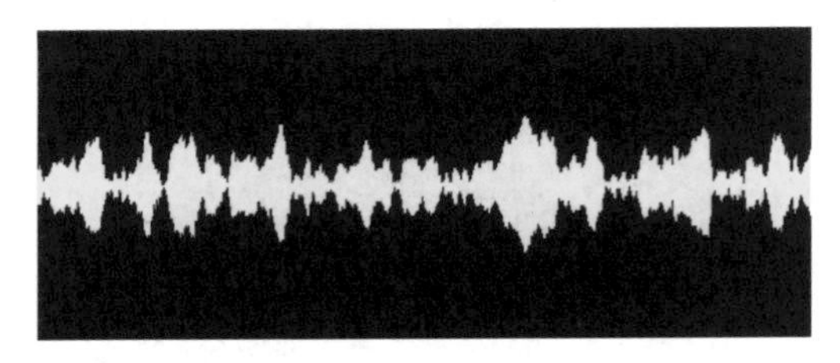

图 15－11　35kV 某Ⅱ线 329 开关柜空气式超声波图谱

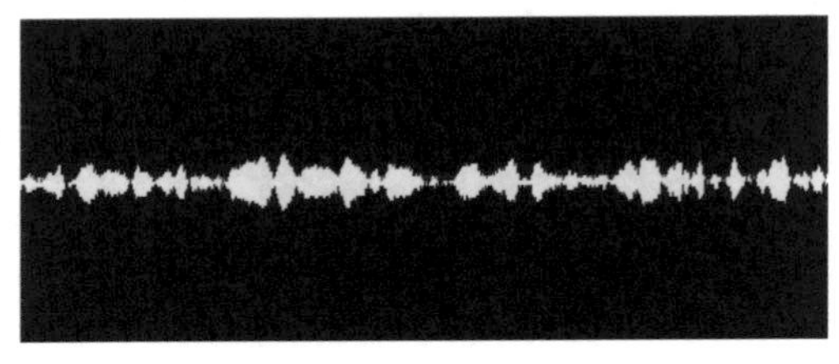

图 15－12　35kV 待用Ⅷ328 开关柜空气式超声波图谱

3　隐患处理情况

8 月 24 日申请停电进行处理，经检查发现 2 号主变压器 302 开关柜、35kV 某Ⅱ线 329 开关柜、35kV 待用Ⅷ328 开关柜、35kV 待用Ⅶ327 开关柜柜内静触头均存在不同程度的受潮放电现象。其中，2 号变压器 302 开关柜 BC 相和 35kV 待用Ⅶ327 开关柜 B 相触头盒下支排受潮严重，表面覆盖有铜绿（见图 15－13），触头盒内可见放电痕迹。

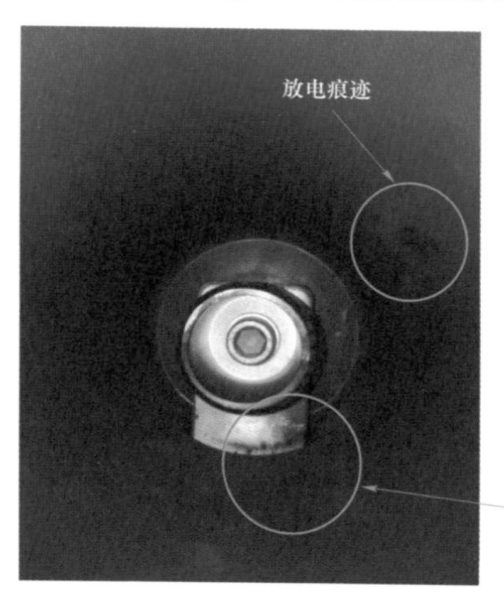

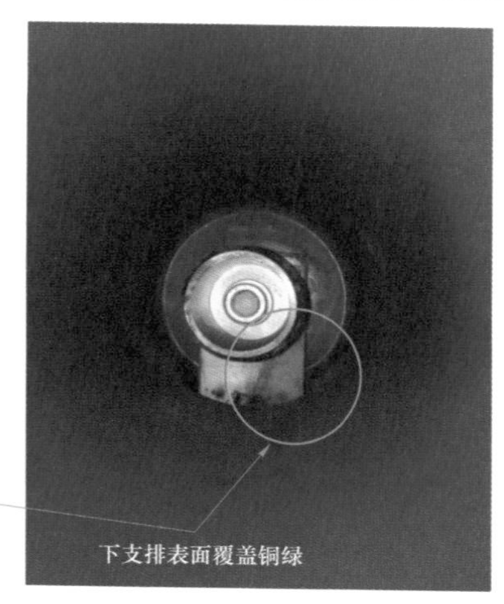

图 15－13　302 开关和 327 开关静触头下支排覆盖铜绿

3.1　母线室绝缘件检查

开启 35kVⅡ母线开关柜母线舱盖板后对母线室内绝缘件进行检查，发现母线室内绝缘护套尺寸过大且部分护套表面沾有导电膏（见图 15－14），影响绝缘性能。

图 15－14　绝缘护套尺寸过大且表面沾有导电膏

3.2 电缆室各元器件检查

开关柜电缆室内部各元器件经检查发现，302 开关柜进线铜排存在放电痕迹，放电部位存在于铜排与绝缘板支撑杆接近的部位，如图 15－15 所示。

图 15－15　302 开关柜进线铜排存在放电痕迹

8 月 24 日停电检查后与浙江某厂家协商处理方案，对 2 号变压器 302 开关柜、35kV 待用Ⅶ327 开关柜、35kV 待用Ⅷ328 开关柜、35kV 某Ⅱ线 329 开关柜触头盒进行更换，并对 35kVⅡ母线舱内绝缘护套进行处理。8 月 25 日，进行触头盒更换。具体过程如下：

（1）拆除绝缘护套：打开 304－G 至 321 开关柜所有Ⅱ母线舱盖板，依次将绝缘护套拆除。

（2）用酒精对拆除的绝缘护套进行擦拭清理，清除其表面的导电膏。

（3）拆除触头盒：依次拆除 35kV 某Ⅱ线 329 开关柜、35kV 待用Ⅷ328 开关柜、35kV 待用Ⅶ327 开关柜、2 号变压器 302 开关柜母线侧和线路侧三相触头盒。

（4）清理开关柜母线室铜排接触面。

（5）对手车开关进行擦拭清理，擦拭开关动触头并涂以薄层导电膏。

（6）对 35kVⅡ母线开关柜手车室进行清理。

（7）对 35kV 某Ⅱ线 329 开关柜、35kV 待用Ⅷ328 开关柜、35kV 待用Ⅶ327 开关柜、2 号变压器 302 开关柜电缆室各元器件进行擦拭清扫，调整与绝缘挡板靠近的避雷器引线位置，将 4～6 号电容器和 2 号站用电间隔的避雷器引线拆除。

（8）35kV 某Ⅱ线 329 开关柜、35kV 待用Ⅷ328 开关柜、35kV 待用Ⅶ327 开关柜、2 号变压器 302 开关柜安装新的触头盒，并恢复开关柜母线室铜排。

（9）对绝缘护套尺寸进行修改并重新安装。

更换新的触头盒后，对 35kVⅡ母线、2 号变压器 302 开关柜进行绝缘测量、耐压试验均合格。送电运行后进行多次跟踪复测，暂态低电压与局部放电值均在正常范围内。

4 经验体会

220kV 某变电站地处某市经济开发区，是开发区的主要电源点。若该变电站出现故障跳闸，将会造成严重的社会影响。发现缺陷后，公司立即启动应急预案，制定了科学策略，处理及时，避免了缺陷的继续发展。以下经验体会供参考：

（1）暂态地电压检测技术对开关柜类设备的局部放电检测有较好的效果，能够有效地发现在开关柜安装、运行过程中隐藏的缺陷。尤其对于过去通过肉耳听声音的经验来判断放电来说，无疑是很大的进步。

（2）暂态地电压检测方法对于测试人员的技术要求高，以后要对员工加强暂态地电压检测方法的培训，培养出多位经验丰富的测试人员。

（3）某变电站 35kV 高压室内环境较为潮湿，墙体存在渗漏现象，且除潮能力较差，以后要加强对某变电站的巡视。

（4）柜内存在潮气是引发开关柜内部局部放电的常见原因。在开关柜投运前，应对开关柜加热除潮装置、防火封堵情况、柜内元器件布置情况进行全面细致的检查，确保潮气不能进入。

（5）有效开展设备巡视、带电检测，加强设备管理，能够及时发现设备存在的隐患，降低设备事故率。

案例 16 某供电公司某 220kV 变电站 1 号主变压器 35kV 侧 301 开关柜内部局部放电

1 案例经过

某 220kV 变电站位于某省某县，为属地供电枢纽站。该站 35kV 开关柜为落地手车式开关柜，型号为 ZS3.2，某电气有限公司生产，2009 年 11 月投运。2015 年 5 月 12 日对该站开展例行带电检测工作时，发现在 1 号主变压器 35kV 侧 301 断路器间隔开关柜存在相对幅值较大的 TEV 及特高频局部放电信号，且在开关柜后上部检测到的幅值比中下部的幅值要高，初步判断局部放电源在开关柜母线室内。6 月 19 日、7 月 16 日和 10 月 30 日对其进行了三次复测，局部放电源定位在 1 号主变压器 35kV 侧室内某母线柜内靠近穿柜套管处。

2015 年 11 月 9 日，对开关柜局部放电超标隐患开展停电处理工作，于 11 月 10 日 15 时 28 分结束。送电后复测，无任何异常。

2 检测分析方法

2015 年 5 月 12 日，执行工作票，电气试验班人员对 220kV 某站进行开关柜局部放电检测工作，35kV 1 号主变压器 301 开关柜内存在异常特高频信号，相邻开关柜未发现异常信号，经定位确定放电源在 35kV 1 号主变压器开关柜内部。

（1）特高频信号幅值较大，放电脉冲发生在开关柜 PRPS 及 PRPD 图谱中第二和第四象限。

（2）超声波局部放电检测无异常。

（3）暂态地电压检测：该站高压室内背景 45dB，1 号主变压器 301 开关柜暂态地电压数据达到满量程 60dB，与背景值之间互差为 15dB；301 开关柜前中、后上和后中位置均达到 60dB。

2015 年 7 月 16 日，执行工作票，电气试验班人员对 220kV 某站 1 号主变压器 35kV 侧 301 开关柜进行复测，开关柜后面能够听到较大的连续放电声音，在使用特高频检测和超声波检测时均发现较大的局部放电信号。

（1）特高频检测：特高频信号、幅值均较大，在开关柜后上部观察窗处检测时幅值较大。通过现场移动不同位置检测，发现最大放电信号源靠近 1 号主变压器室内某母线位置。放电脉冲发生在开关柜 PRPS 及 PRPD 图谱中电压周期的第一和第三象限，但两个相位段的放电特征不对称，初步判断为 1 号主变压器 35kV 侧 301 开关柜内部存在沿面放电。

（2）超声信号检测：用超声波仪器所配耳机可听到较明显的声音。相关图谱中有效值和周期最大值较高，周期最大值达到14.8mV，且50Hz、100Hz相关性同时存在，50Hz相关性大于100Hz相关性。

（3）暂态地电压检测：当时高压室内背景噪声46dB，1号主变压器301开关柜暂态地电压数据达到满量程60dB，与背景值相差14dB；301开关柜前中、后上位置均达到60dB。

2015年10月30日，执行工作票新，电气试验班人员对220kV某站35kV高压开关柜进行带电测试工作，发现现场35kV 1号主变压器301开关柜后面存在明显的连续放电声音，特高频和超声波检测均发现较大的异常信号。

（1）特高频检测：信号幅值较大，在观察窗处检测时幅值较大。通过现场移动不同位置检测，如图16－1和图16－2所示，发现最大放电信号源靠近1号主变压器室内某母线位置（即图16－2中2号检测位置）。1号主变压器35kV侧301开关柜特

1号检测位置

2号检测位置

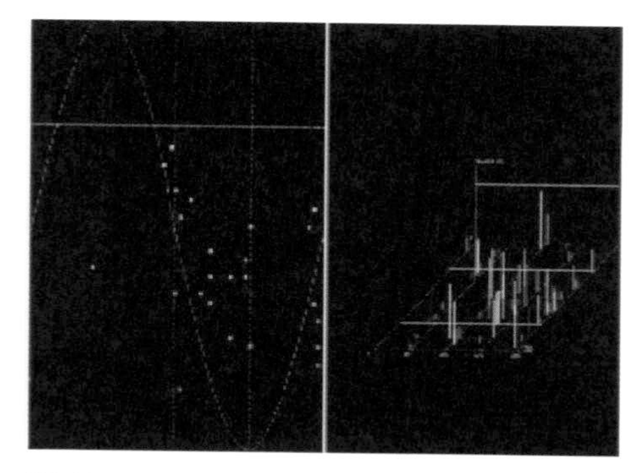

图16－1　1号主变压器301开关柜1号检测位置PRPS及PRPD图谱

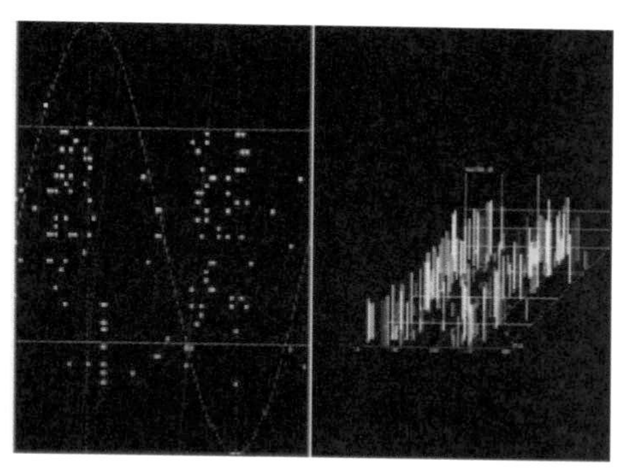

图16－2　1号主变压器301开关柜2号检测位置PRPS及PRPD图谱

带宽：高通滤波；相位偏移：0°；同步模式：电源同步；

同步状态：成功；前置增益：关；工频：50Hz

高频信号特征明显：放电脉冲发生在电压周期的第一和第三象限，但两个相位段的放电特征不对称，初步分析为1号主变压器35kV侧301开关柜内部存在沿面放电。

（2）超声信号明显：有效值和周期最大值较高，周期最大值达到15.6mV，且50Hz和100Hz相关性同时存在。

（3）暂态低电压检测：地点波在背景测量值时，对高压开关室内部环境开关柜相近的金属体进行检测，入口门处幅值为37dB，其正对面窗户处为48dB，背景水平较高，因此判定此开关室内干扰较大。

3 原因分析及建议处理措施

5月12日检测中，特高频图谱放电脉冲发生在第二和第四象限，超声波无异常信号，暂态地电压测试中，由于高压开关室内干扰为45dB，301开关柜暂态地电压数据达到满量程60dB，与背景值之间互差为15dB；301开关柜前中、后上和后中位置均达到60dB。建议处理措施：对该开关柜加强关注，缩短巡检周期，并观察检测幅值的变化规律，以进一步判断局部放电信号产生的原因。

7月16日检测中：特高频图谱中，放电脉冲主要出现在第一和第三象限，两个相位段的对称性不明显，因此怀疑为沿面放电；从超声波图谱可以看出，靠近1号主变压器室内母线桥与开关柜本体连接处散热窗位置超声波局部放电信号最大，最大幅值达到14.8mV，且50Hz和100Hz相关性明显，50Hz相关性大于100Hz相关性，符合沿面放电特征。建议处理措施：根据公司《变电设备带点检测工作实施意见》的要求，超声波局部放电数值14.8dB，小于15dB的规定，属于设备异常，应对该开关柜加强关注，缩短巡检周期，并观察检测幅值的变化规律，以进一步判断局部放电信号产生的原因。

将前两次测试数据汇报运维某部，运维某部安排变电运维工区在普测工作中加强对该部位的重点检测，变电运维工区普测人员在随后的两次测试中未发现有局部放电信号。综合前几次测试情况，怀疑局部放电信号的产生与环境因素有直接关系，前两次测试前均有降雨天气，空气湿度较大，测试时通风设备处于开启状态，可能会将室外潮湿空气带入室内，附着在绝缘部件表面，出现沿面放电的局部放电信号。而后两次测试时空气干燥，通风设备处于开启状态，会将室内潮湿空气带出室内，室内空气湿度下降，绝缘状况改善，导致局部放电异常信号消失。建议处理措施：对该开关柜加强关注，缩短巡检周期，并观察检测幅值的变化规律，以进一步判断局部放电信号产生的原因。

10月30日检测分析：特高频图谱中，放电脉冲主要出现在第一和第三象限，两个相位段的对称性不明显，因此怀疑为沿面放电。从超声波图谱可以看出，靠近1号主变压器室内母线桥与开关柜本体连接处散热窗位置超声波局部放电信号最大，最大幅值达到 15.6mV，且 50Hz 和 100Hz 相关性明显，50Hz 相关性大于 100Hz 相关性，符合沿面放电特征，认为产生局部放电的原因有以下几个：① 开关柜内绝缘部件表面积污或受潮；② 绝缘部件爬距不足或安装的绝缘间隙不够；③ 柜内绝缘部件（包括绝缘支柱、穿墙套管、传柜套管等）制造装配质量或安装工艺不良。

鉴于以上分析，初步断定 301 开关柜穿柜套管位置存在的严重的沿面放电信号，需要安排处理，在 PMS2.0 中上报缺陷，运维某部安排在 11 月 9 日对 1 号主变压器进行停电处理。

4　隐患处理情况

（1）执行工作票新，对缺陷进行处理，将 35kV 1 号主变压器室内母线桥柜体侧面板打开，并进行检查：

1）1 号主变压器 35kV 室内母线桥开关柜内脏污严重，绝缘子和母线上附着有大量尘土，如图 16－3 所示。

图 16－3　1 号主变压器 35kV 室内母线桥开关柜内严重脏污

2）检查 35kV 绝缘支柱、穿墙套管和穿柜套管表面，未发现放电痕迹。三相铜排之间安装了 4 块绝缘隔板，材质为环氧树脂，厚度为 5mm，绝缘隔板上污秽严重，绝缘隔板表面有大量放电的黑色痕迹［见图 16－4（a）、（c）、（d）红色标注部分］，B 相搭接盒靠近 C 相侧有明显的放电黑斑痕［见图 16－4（b）中红色标注部分］，且绝缘隔板表面大面积出现爆皮现象，并有划伤痕迹，其中以黄色标注位置最为明显。

（2）拆除 1 号主变压器 35kV 侧连接引线，对 35kV 某母线进行耐压试验，主要考验 35kV 绝缘支柱、穿墙套管和穿柜套管的绝缘情况，在试验电压 95kV 下未发生放电闪络现象，证明这些部分没有绝缘问题。

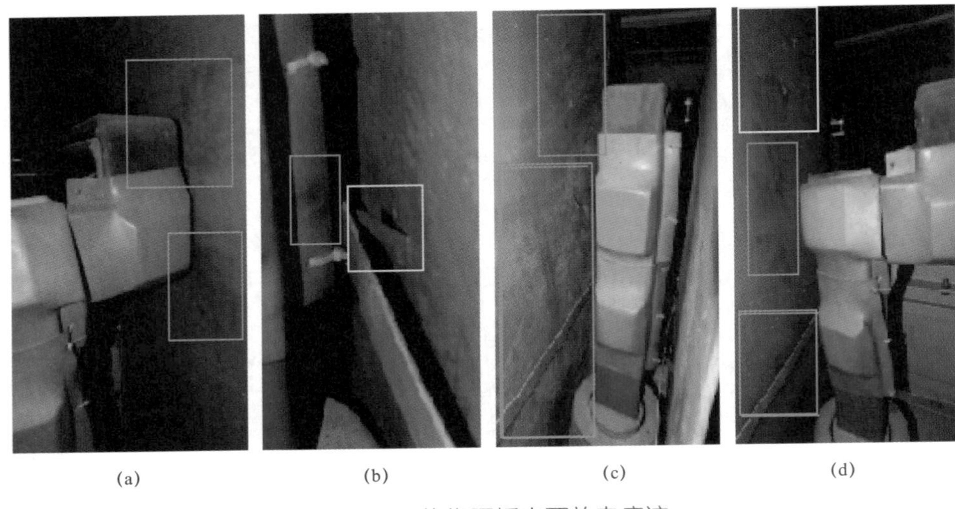

(a) (b) (c) (d)

图 16-4　绝缘隔板表面放电痕迹

(3) 将相间 4 块绝缘隔板拆下，试验人员分别对其进行交流耐压试验，其中 B 相和 C 相之间绝缘隔板在电压升至 48kV 时发生击穿现象，证明绝缘隔板存在绝缘缺陷。

(4) 将母线桥柜体内清理干净，并将 4 块绝缘隔板更换为新的绝缘隔板。

(5) 恢复侧面板。

(6) 原因分析：

1) 35kV 室内母线桥设计不合理，柜内各相间及各相对地距离偏小。

2) 由于母线—空气隙—环氧树脂绝缘隔板—接地体复合绝缘方式配合不当，不能满足现场的环境要求。

3) 开关柜的绝缘隔板采用环氧树脂板加工而成，其憎水性能差、不阻燃，是一种极性介质。在潮湿及表面脏污的情况下，表面电导率将显著增大，当电场强度达到一定数值时，就会发生局部闪络，闪络会加快该处绝缘的劣化，直到发生沿面闪络，引发事故。

4) 大量粉尘等污秽物附着在母线上，造成内部件绝缘水平降低，容易发生闪络事故。

5　经验体会

(1) 对于开关柜的带电检测，应加强监测力度，记录检测数据，缩短检测周期，在检测过程中适当增加现场测试位置，对比检测数据，观察数据变化情况。

(2) 开关柜局部放电缺陷的严重程度应根据放电源的定位、内部结构和检测特征量的发展趋势进行综合判断，并应综合各种检测数据、历次的数据变化趋势、环境温湿度、负荷大小等进行综合分析。

（3）加强安装质量控制，在选择 35kV 开关柜零部件型号时，相关技术必须满足爬电比距和最小空气绝缘间距的要求，以改善开关柜的绝缘性能。

（4）确保开关柜运行环境良好可从几个方面入手：在开关柜的通风窗上安装过滤网，减少进入开关柜的尘埃；封堵开关柜的空洞，避免大量潮气进入开关柜内；及时检查开关柜加热器的运行状态，确保加热器的正常运行；空气湿度较大时关闭通风系统，防止室外的潮气进入高压室内，空气干燥时开启通风系统，将高压室内的潮气排出。

案例17 某供电公司220kV某变电站35kV开关柜母线带电检测

1 案例经过

2017年6月27日，变电某室电气试验一班开具两种工作票对220kV某变电站35kV开关柜进行局部放电TEV、超声波检测的过程中，发现35kV待用V324出线柜母线舱超声波信号异常，超声波信号为44mV，背景噪声为1mV。

10月30日，电气试验一班再次开具两种工作票对其进行局部放电TEV、超声波检测，发现35kV待用V324出线柜超声波幅值在562mV，信号最大处位于开关柜顶部母线舱中间右侧，靠近6号电容器开关柜缝隙附近，背景噪声为3mV，对比上一周期数据（43mV）明显增大；使用TEV检测信号幅值普遍偏大，未检测到有效放电信号。

通过分析，判断缺陷可能位于母线穿柜套管。建议对220kV某变电站35kV待用V324出线柜加强监测，必要时应使用在线监测装置对放电点进行长期在线监测，结合停电计划对该位置进行检查，并做相关例行试验，保障设备平稳运行。

2017年11月2日，220kV某变电站35kVⅡ段母线由运行转检修，变电运维人员做好安全措施后，开始进行35kVⅡ段母线开关柜放电处理。对更换后的开关柜进行绝缘耐压测试，试验结果正常。恢复送电后，对35kVⅡ母线进行暂态地电压、超声波局部放电检测，未发现放电现象。

2 检测分析方法

2.1 第一阶段测试（2017年6月27日）

在对35kV待用V324出线柜进行超声波检测的过程中发现，35kV待用V324出线柜柜体面板顶部使用敞开式传感器检测到的超声波幅值在44mV左右，背景噪声为1mV，通过耳机能够听到明显的异常声音，现场使用TEV检测信号幅值普遍偏大，TEV检测幅值为46dB左右，背景噪声为40dB。超声波检测位置及检测图谱如图17－1、图17－2所示。

2.2 第二阶段测试（2017年10月30日）

2017年10月30日，测试过程中发现，该开关柜超声幅值达到562mV，位于开关柜顶部中间右侧，靠近6号电容器开关柜缝隙附近，背景噪声为3mV，对比

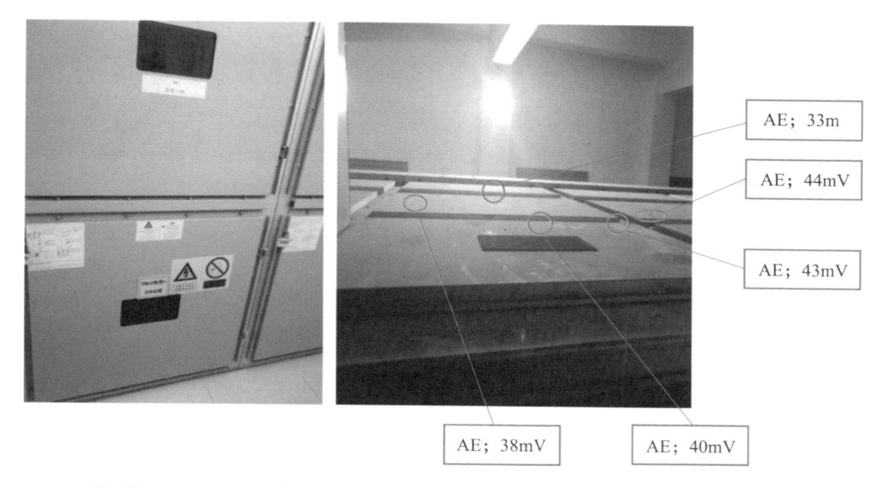

图 17－1　35kV 待用 324 出线柜位置及超声波数据

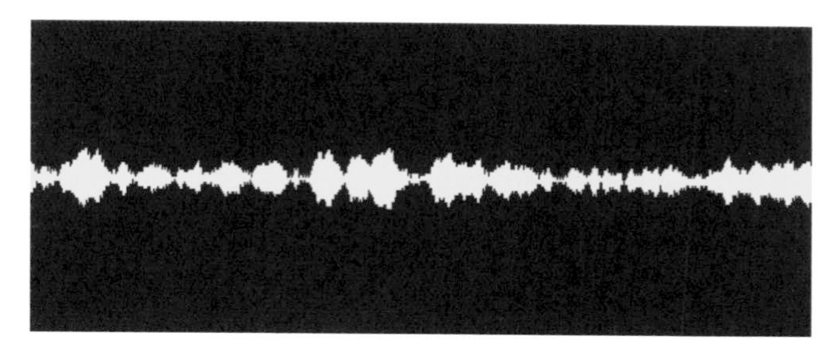

图 17－2　敞开式超声波检测图谱

上一周期数据（43mV）明显增大；使用 TEV 检测信号幅值普遍偏大，未检测到有效放电信号。超声波检测位置及检测图谱如图 17－3、图 17－4 所示。

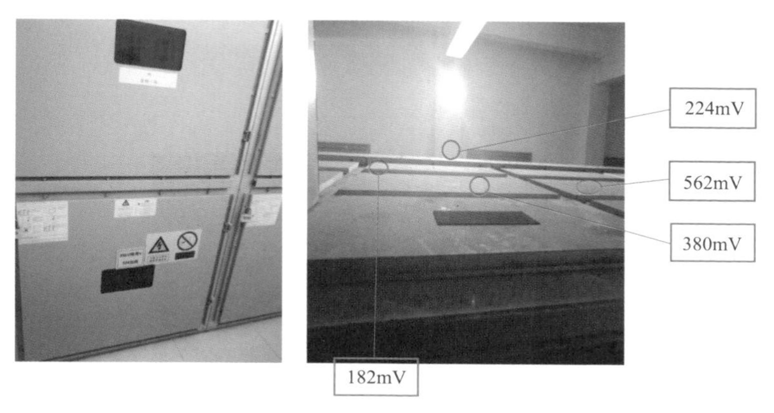

图 17－3　35kV 待用 324 出线柜位置及超声波数据

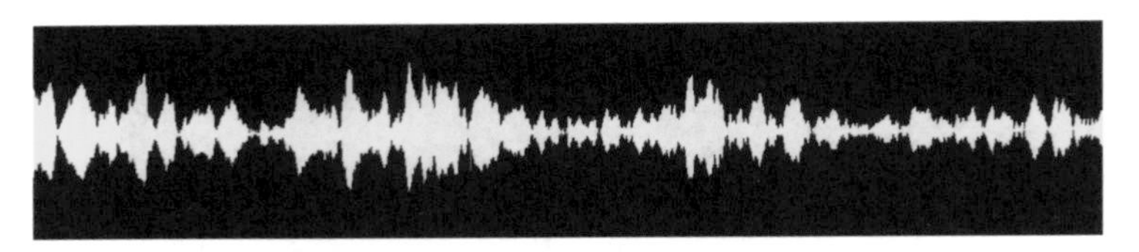

图 17－4　敞开式超声波检测图谱

3　隐患处理情况

11 月 2 日，变电运维人员执第一种工作票进行放电处理工作，发现均压弹簧与进柜套管内壁接触位置存在明显的放电痕迹，均压弹簧已出现烧伤氧化，套管内壁也能触摸到凹状的电击痕迹，均压弹簧尾端有铜绿生成，如图 17－5 所示。

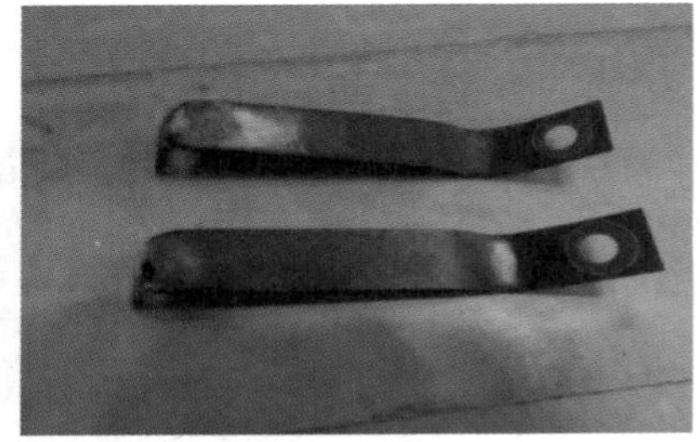

图 17－5　均压弹簧放电烧伤情况

对拆下的均压弹簧进行检查，发现老式均压弹簧采用铜材质，没有弹性，随着开关柜的长时间运行，均压弹簧由于材质老化导致尾端下垂，尾端与套管内壁之间出现缝隙，继而弹簧与套管内壁之间产生电位差，造成套管内部电场分布不均，弹簧对套管内壁放电。

工作人员随即对套管进行了更换，更换为浙江某公司生产的 TGZ8A－40.5 穿柜套管。该套管内部为屏蔽引出线与母排连通（见图 17－6），避免了均压弹簧长期受力金属疲劳导致接触不良放电。

图 17－6　更换后的套管为屏蔽引出线与母排连通

工作结束送电后进行复测，局部放电信号正常，缺陷消除。

4　经验体会

（1）带电检测可以有效发现开关柜内设备绝缘缺陷，其中超声波法是通过检测局部放电产生的超声波信号来测量局部放电的大小和位置。超声波实质上是一种机械振动波，所以这种方法基本不受电气干扰的影响，并且可以对放电点进行定位，今后要继续加大超声波检测技术的应用。

（2）某地区已处理过此种类型的开关柜放电缺陷，在今后的工作中，应加强对带电检测手段的重视和利用，重点对此类开关柜进行针对性检测，尽早发现设备隐患，及时消除缺陷。

第四篇　开关柜内引线、连接件放电典型案例

案例18　某供电公司220kV某变电站35kV Ⅱ段母线TV间隔内部放电

1　案例经过

某供电公司220kV某变电站35kVⅡ段母线TV设备出厂日期为2013年。2015年11月19日，试验人员在对该变电站进行带电检测时，发现该站35kVⅡ段母线TV间隔暂态地电压数值异常，将情况汇报调度及变电某室，同时加强跟踪检查。11月21日，试验人员再次对该站进行带电测试，发现35kVⅡ段母线TV间隔内部有异常放电，且放电情况有增大趋势，对该间隔柜进行了暂态地电压检测，初步判断为该间隔内部存在悬浮放电。11月22日进行了停电处理，停电解体检查发现该间隔内部TV手车挡板材质绝缘不符合要求，经更换手车挡板及相应某处理后恢复送电，避免了35kVⅡ段母线TV间隔内部间隔闪络故障。

2　检测分析方法

对某变电站内35kV开关柜进行局部放电带电检测，发现Ⅱ段母线TV.BLQ32Y开关柜存在局部放电现象，如图18－1所示。

图18－1　某35kV开关柜Ⅱ段母线TV.BLQ32Y开关柜局部放电情况

采用超声波和暂态地电压综合检测模式，超声波检测位置为柜体后面16个检测点（红色标记点），呈矩阵分布。暂态地电压检测点为柜体后方3个点（黄色标记点），分别为柜体上中下，见表 18－1。

表 18－1　　超声波和暂态地电压综合检测模式下检测位置

记录号	传感器类型	测试点	放电幅值（dB）	时域图
1	超声波	1 点	4.3	
2	超声波	2 点	4.7	
3	超声波	3 点	4.5	
4	超声波	4 点	4.9	
5	超声波	5 点	4.8	
6	超声波	6 点	4.4	
7	超声波	7 点	4.6	

续表

记录号	传感器类型	测试点	放电幅值（dB）	时域图
8	超声波	8 点	4.9	
9	超声波	9 点	15.3	
10	超声波	10 点	15.7	
11	超声波	11 点	16.6	
12	超声波	12 点	16.8	
13	超声波	13 点	17.6	
14	超声波	14 点	16.2	

续表

记录号	传感器类型	测试点	放电幅值（dB）	时域图
15	超声波	15 点	17.1	
16	超声波	16 点	18.9	
17	TEV	17 点	21	PRPS Q-Φ-T 100% 80% 60% 40% 20% 0% 50.0 dB 30.0 Time 累计时长:1 min 0 90 180 270 360
18	TEV	18 点	32	PRPS Q-Φ-T 100% 80% 60% 40% 20% 0% 40.0 dB 20.0 Time 累计时长:3 min 0 90 180 270 360
19	TEV	19 点	37	PRPS Q-Φ-T 100% 80% 60% 40% 20% 0% 40.0 dB 20.0 Time 累计时长:3 min 0 90 180 270 360

统计图模式下检测位置见表 18－2。

表 18－2　　统计图模式下检测位置

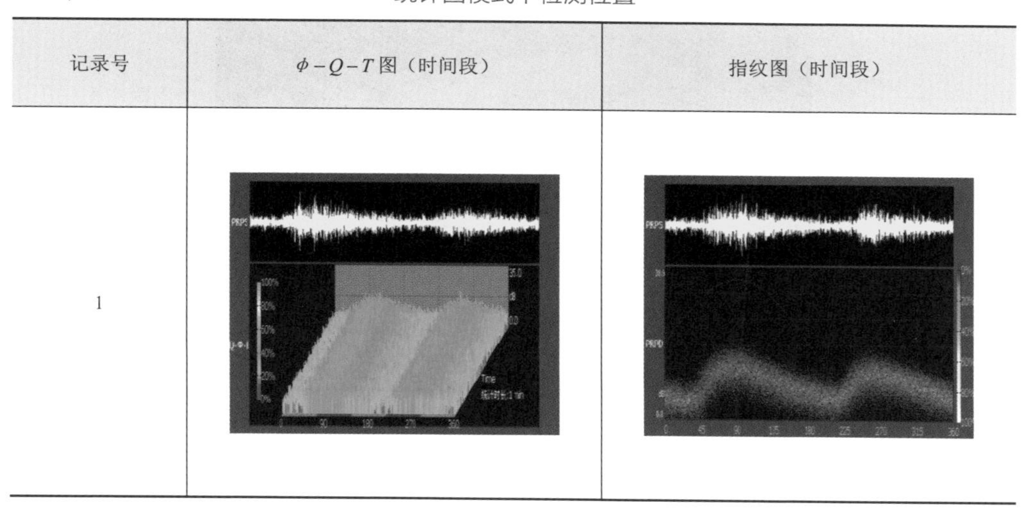

记录号	$\phi-Q-T$ 图（时间段）	指纹图（时间段）
1		

2.1　检测结果

在Ⅱ段母线 TV.BLQ32Y 开关柜内检测到了明显的超声信号和 TEV 信号，在开关柜前后两侧进行检测，超声检测模式在开关柜前侧未检测到明显超声信号，与该开关柜结构有关。超声信号在柜体后侧上半部分幅值基本一致，且无明显的超声信号。柜体下半部分超声幅值较大，且相位特征明显。通过分析可知，柜体下部右侧超声信号相对于左侧超声信号幅值较大，根据超声信号传播特性，放电点应在柜体下部右侧。TEV 信号也非常明显，且相位关系与超声信号有明显对应关系，可以确认为同一信号产生。根据 TEV 信号形态特征，其两个象限具有典型非对称性，初步怀疑为沿面爬电所致。

2.2　检测结论

Ⅱ段母线 TV.BLQ32Y 开关柜内存在严重的局部放电现象，此放电信号应为沿面爬电性质。此类放电一般为绝缘表面受潮或者脏污所致，根据检测信号幅值分析，放电部位应为柜体间套管部位。

3　隐患处理情况

11 月 23 日，对某站 35kVⅡ段母线 TV32Y 间隔进行停电处理，检查发现 35kV Ⅱ段母线 TV32Y 间隔内部气体有刺激性气味，通过进一步发现该间隔 TV 手车前后挡板存在明显放电痕迹，如图 18－2～图 18－4 所示。

图 18-2　挡板放电位置

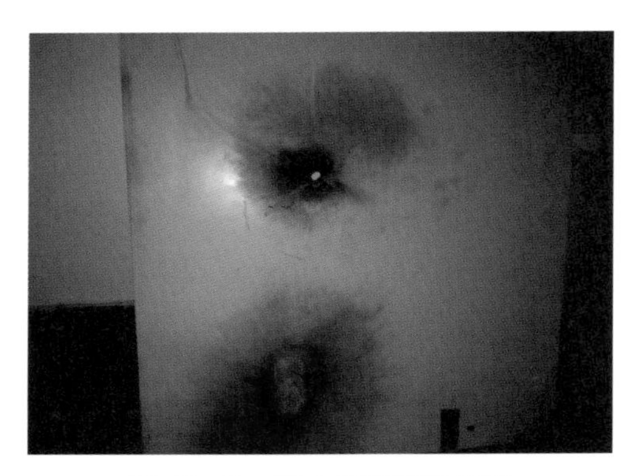

图 18-3　手车挡板放电痕迹

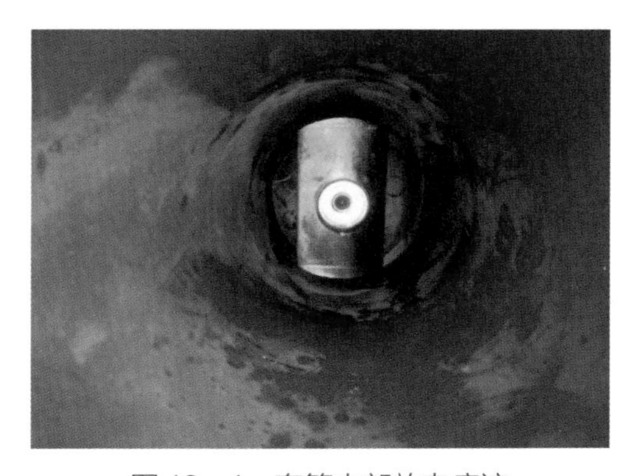

图 18-4　套管内部放电痕迹

拆除 35kVⅡ段母线 TV 间隔后柜门，对各电气连接情况进行检查，找出放电的具体位置，然后将 32Y TV 手车拉到某位置，将绝缘材质不佳的手车挡板用绝缘挡板进行更换，最后更换 TV 手车三相套管，如图 18－5 所示。

图 18－5　更换 TV 手车三相套管

处理后放电声消失，用暂态地电压（TEV）方法检测，结果表明 35kVⅡ段母线 TV 间隔幅值均在正常范围。

4　经验体会

220kV 某变电站是西北地区的重要电源点，负责该区域多座工业园区、社区等的供电任务，若该站出现事故跳闸，将造成严重的社会影响。发现缺陷后，公司立即启动应急预案，制定了科学策略，及时消除了该隐患。暂态地电压检测方法对于发现开关柜内部绝缘缺陷，如金属尖端缺陷、悬浮电位缺陷、绝缘气隙缺陷等均有较好应用效果，但对测试人员的技术要求较高，今后要加强对暂态地电压检测方法的培训，培养出更多经验丰富的测试人员。35kV TV 手车挡板绝缘材质不佳造成本次放电现象，今后要加强对该类开关柜的巡视和暂态地电压检测。

案例19 某供电公司220kV某变电站35kVⅡ段母线TV间隔内部放电

1 案例经过

某供电公司220kV某变电站35kVⅡ段母线TV避雷器柜设备出厂日期为2014年5月。2015年5月29日，某供电公司对220kV该站进行送电投运。在启动送电的过程中，现场工作人员发现35kVⅡ段母线TV避雷器柜内部有异常放电声音，具体表现是发出“滋滋”的响声，且响声一直存在。之后现场负责送电的电气试验人员会同运维人员，对该母线TV间隔柜进行暂态地电压检测。根据所测得的数据，初步判断为该间隔内部存在悬浮放电。电气试验人员将试验结果汇报调度及运检部，决定于29日晚进行停电解体检查。解体后发现该间隔内部导体铜排上螺栓未接触到导体，造成悬浮放电。经处理后，电气试验人员再次进行暂态地电压检测，测试数据显示正常后恢复送电，避免了35kVⅡ段母线TV间隔柜内部间隔出现严重的闪络故障。

2 检测分析方法

经暂态地电压（TEV）方法检测发现，35kV高压室内地电压背景值为10dB，见图19－1。试验人员首先对35kVⅡ段母线所有间隔开关柜的前后面分别测量，数值见表19－1。根据横向比较法和仪器读数判断标准，计数值高于25dB，且远高于同类设备和背景值，很有可能在开关柜内有内部放电活动。

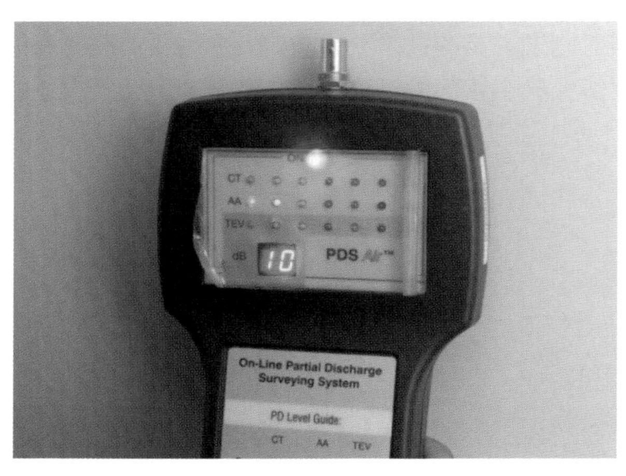

图19－1 地电压背景测量数值

表 19－1　　开关柜 TEV 检测幅值　　单位：dB

开关柜间隔	TEV 检测幅值	
	前面	后面
3001－1	13	11
32B	14	10
321	24	19
322	25	19
323	25	17
32P	40	43
324	22	13
325	21	13
326	20	13
302	24	19
327	22	19

检测人员使用暂态地电压（TEV）方法检测。对 35kV 开关柜按照常规程序检测暂态地电压数据，结果见表 19－1。

详细数据如图 19－2～图 19－23 所示。

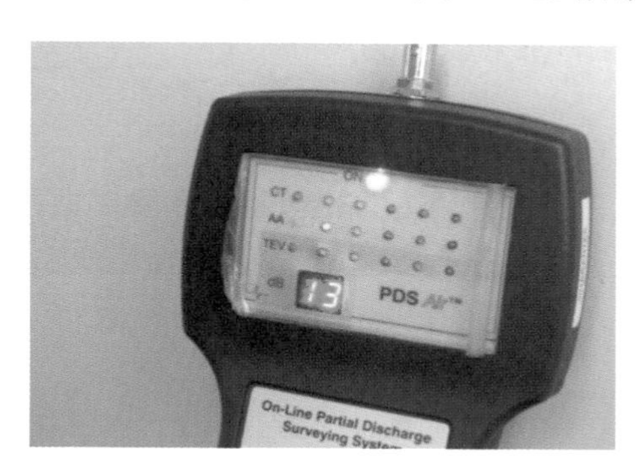

图 19－2　3001－1 开关柜前面测量数值

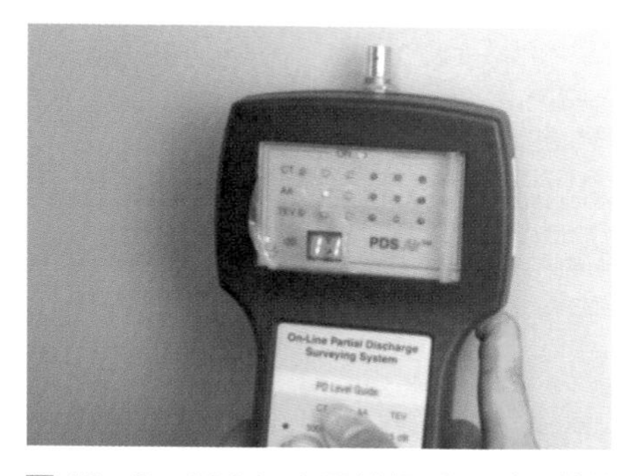

图 19－3　3001－1 开关柜后面测量数值

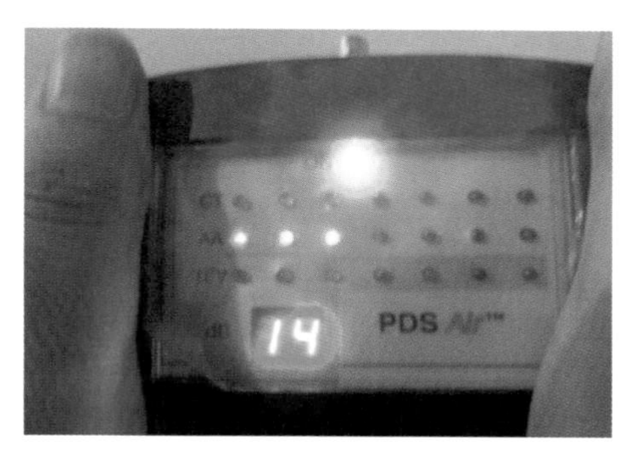

图 19－4　32B 开关柜前面测量数值

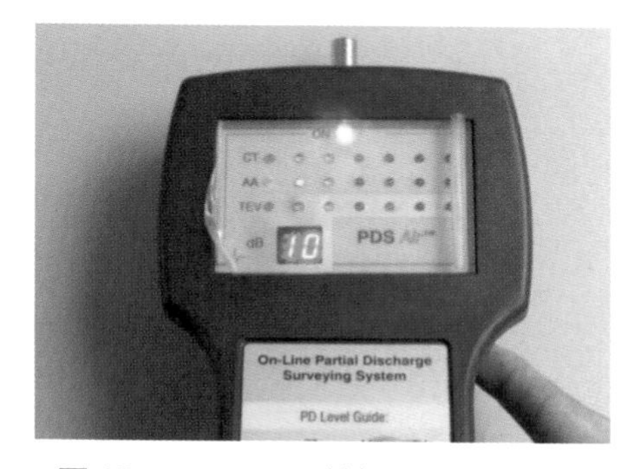

图 19－5　32B 开关柜后面测量数值

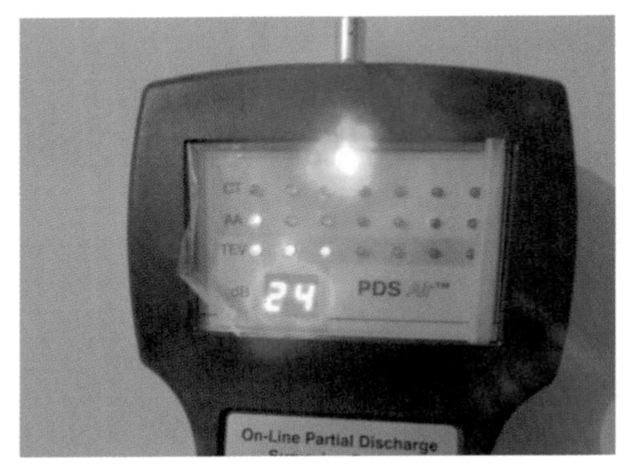

图 19－6　321 开关柜前面测量数值

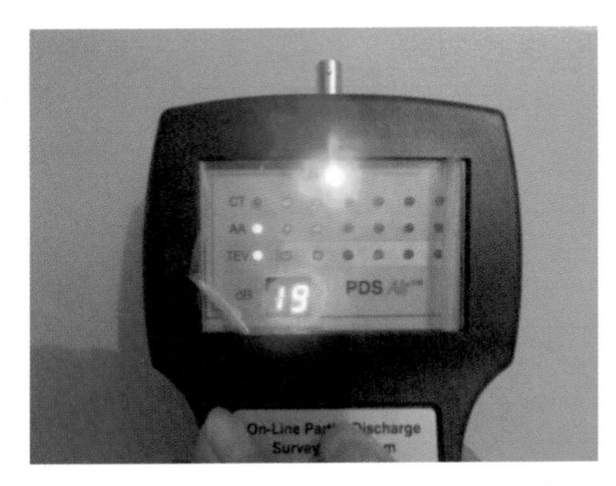

图 19－7　321 开关柜后面测量数值

图 19－8　322 开关柜前面测量数值

图 19－9　322 开关柜后面测量数值

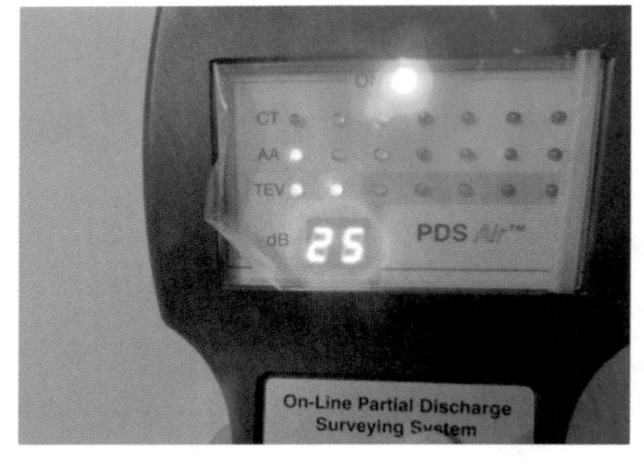

图 19－10　323 开关柜前面测量数值

图 19－11　323 开关柜后面测量数值

图 19－12　324 开关柜前面测量数值

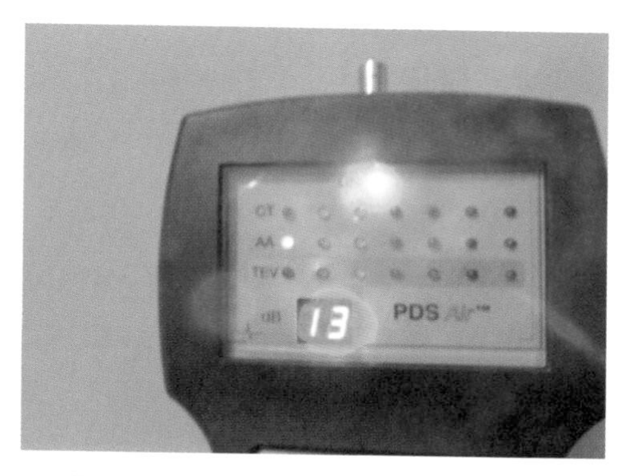

图 19－13　324 开关柜后面测量数值

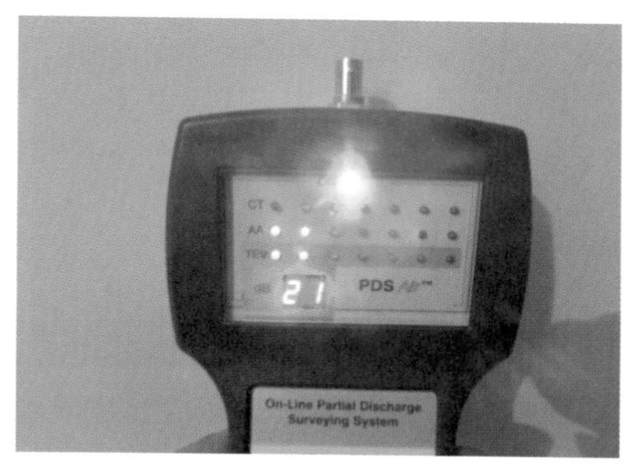

图 19－14　325 开关柜前面测量数值

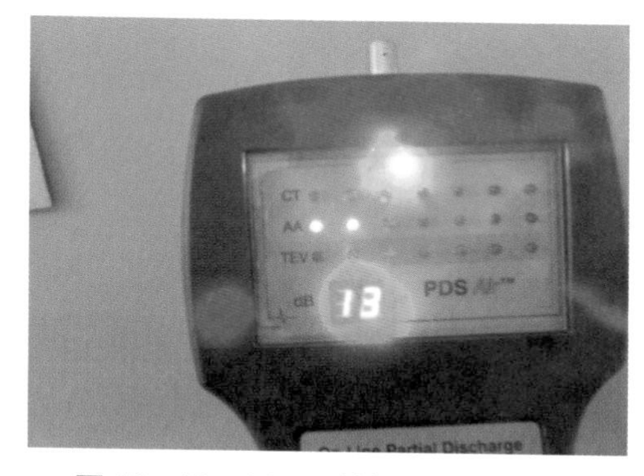

图 19－15　325 开关柜后面测量数值

图 19－16　326 开关柜前面测量数值

图 19－17　326 开关柜后面测量数值

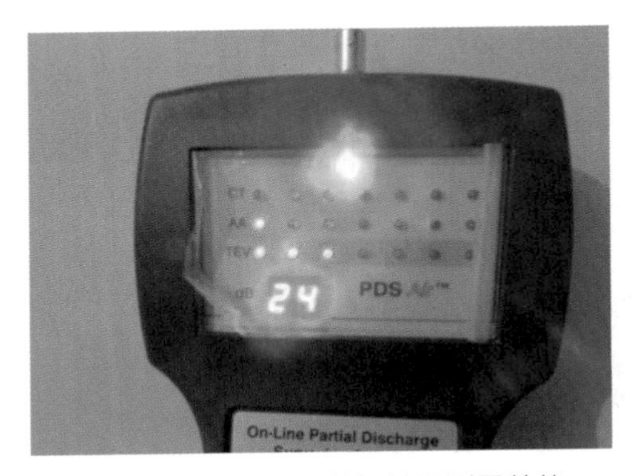

图 19－18　302 开关柜前面测量数值

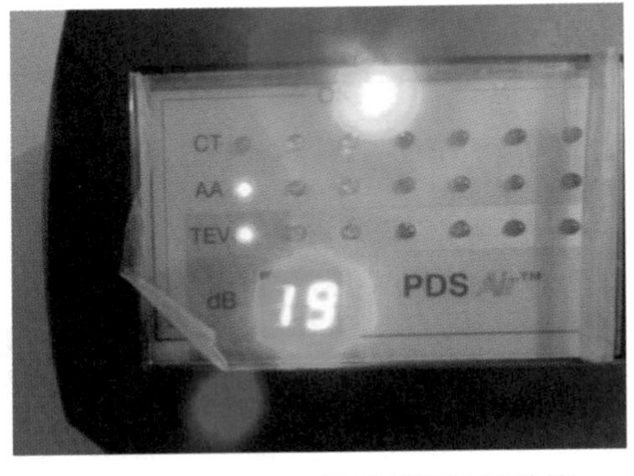

图 19－19　302 开关柜后面测量数值

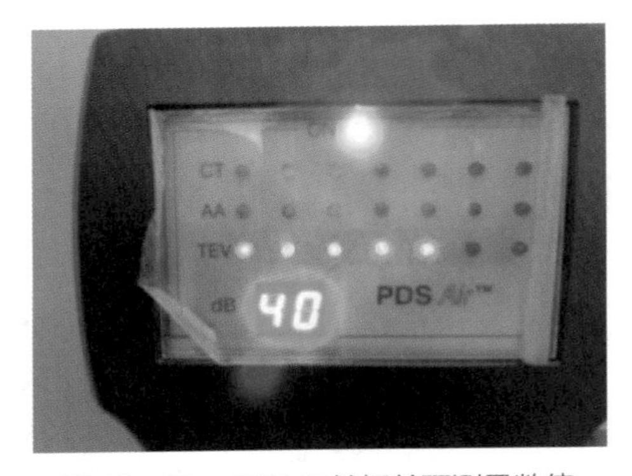

图 19－20　32P 开关柜前面测量数值

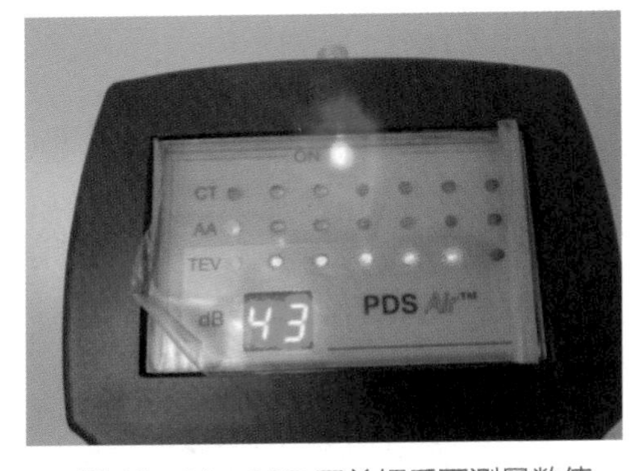

图 19－21　32P 开关柜后面测量数值

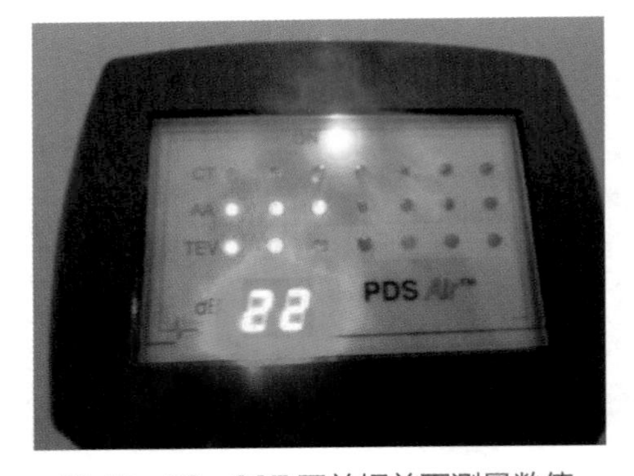

图 19－22　327 开关柜前面测量数值

图 19－23　327 开关柜后面测量数值

使用暂态地电压（TEV）方法检测，得到的幅值正常值应该较小，大于 25dB 则是出现放电现象。对使用暂态地电压（TEV）方法检测的结果进行分析，35kV Ⅱ段母线 TV 31P 间隔前面幅值均大于 25dB。因 35kV Ⅱ段母线 TV 31P 间隔后柜 TEV 检测（dB）幅值比前柜高，故判断异常可能在后柜内。

3　现场停电检查

5 月 29 日晚，作业人员停电解体检查后，发现 35kVⅡ段母线 TV 间隔内部气体有刺激性气味。经过细致排查，进一步发现该间隔柜后面 B 相导体连接铜排上螺栓未接触到导体，而是直接压接到绝缘层上（见图 19－24），存在放电痕迹。

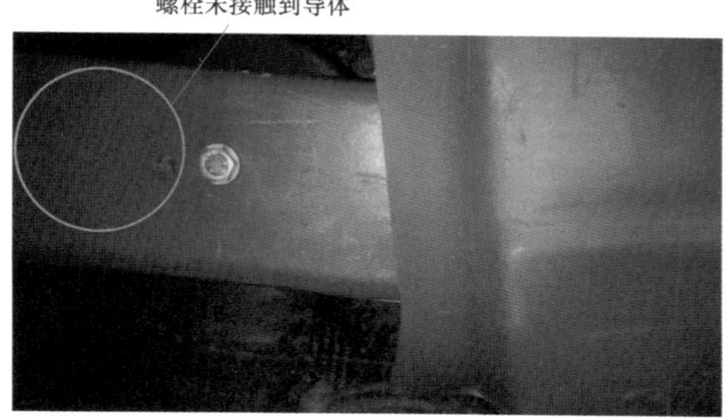

图 19－24　内部故障情况

4　隐患处理情况

公司临时制订停电计划，开具变电站一种工作票，于 2015 年 5 月 29 日进行停电处理，消除该放电缺陷。具体过程如下：

（1）拆除 35kVⅡ段母线 TV 间隔后柜门，对各电气连接情况进行检查，找出放电的具体位置，如图 19－25 所示。

图 19－25　故障处理情况

（2）拆除 B 相 TV 与母线之间的连接铜排，并卸下安装在铜排上的螺母。

（3）对铜排上的绝缘层进行切割打磨，切割面稍大于螺母的接触面，使螺母与导体充分接触。

处理后放电声消失，用暂态地电压（TEV）方法检测，结果表明 35kVⅡ段母线 TV 间隔幅值均在正常范围。新测得 35kVⅡ段母线 TV 间隔暂态地电压数据见表 19－2 和图 19－26、图 19－27。

表 19－2　　35kV 32P 间隔测量数据　　单位：dB

间隔名称	开关柜地电压测量数值	
	前面	后面
32P	15	16

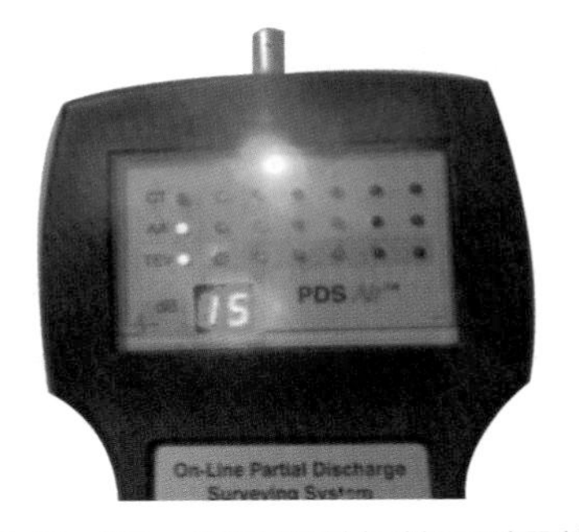

图 19－26　32P 开关柜前面测量数值

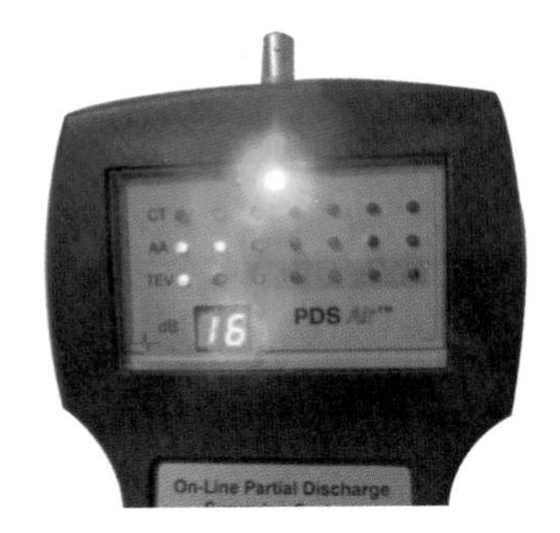

图 19－27　32P 开关柜后面测量数值

5　经验体会

220kV 某变电站是某西北地区重要电源点，负责该区域多座工业园区、社区等的供电任务，若该站出现事故跳闸，将造成严重的社会影响。发现缺陷后，公司立即启动应急预案，制定了科学策略，及时消除了该隐患。暂态地电压检测方法对于发现开关柜内部绝缘缺陷，如金属尖端缺陷、悬浮电位缺陷、绝缘气隙缺陷等均有较好应用效果，但对于测试人员的技术要求较高，以后要加强对暂态地电压检测方法的培训，培养出更多的经验丰富的测试人员。35kV 连接铜排上由于压接螺栓接触不良造成放电现象，以后要加强对该类开关柜的巡视和暂态地电压监测。

案例20 某供电公司35kV某变电站35kV某线电缆屏蔽接地线放电

1 案例经过

某供电公司35kV某变电站35kV某线开关柜于2015年3月2日投运。2016年4月17日，该站35kV某线开关柜内发生电缆屏蔽接地线放电案例。对此，变电室人员进行了针对开关柜内电缆的特巡工作。2016年4月18日，电气试验班在对开关柜进行开关柜暂态地电压及超声波局部放电带电检测时，发现该开关柜室存在放电声音，声音断续。经特高频、超声波及地电波法检测发现，某线323开关柜存在异常放电信号。变电某室立即将此缺陷上报运维某部，申请停电处理。

当日，变电某室工作人员对该站35kV某线323开关柜进行停电处理，发现开关柜内电缆端部铜屏蔽线存在裸露现象，与柜体碰触造成多点接地，形成环流，烧蚀电缆和柜体，造成放电发生。对烧蚀的电缆进行处理后，对裸露的屏蔽线进行了绝缘处理，重新送电后，检测结果恢复正常。

2 检测分析方法

2016年4月18日，在对35kV某线323开关柜进行超声波、地电波、特高频局部放电检测时，先在开关柜前方缝隙处进行超声波检测，未测到异常放电信号；随后在后方缝隙处进行检测，在开关柜后方中部检测到异常信号（信号最大处为图20-1中画圈处），人耳可以听到刺耳的放电声音；然后对其进行地电波检测，地电波数值正常。超声波测试数据如图20-2所示。

图20-1 现场检测图片

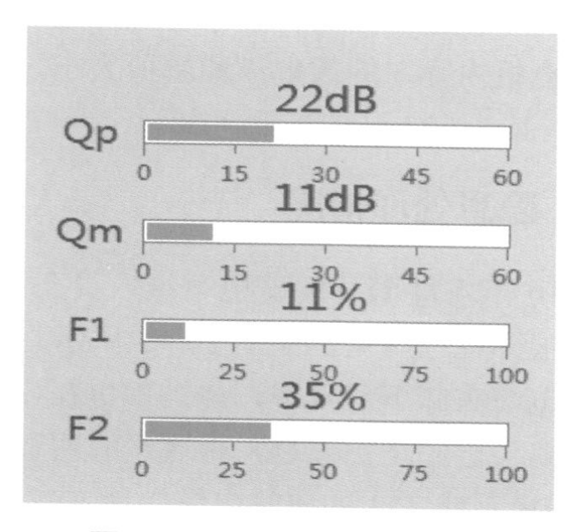

图20-2 超声波检测图片

由图 20－2 可以看到，有效值和周期峰值较大，存在明显频率成分 1（50Hz 相关性）和频率成分 2(100Hz 相关性)。超声周期最大值为 22dB，有效值为 11dB。频率成分 1 为 11%，频率成分 2 为 35%，频率成分 2 明显大于频率成分 1。经现场观察，信号最大值为位置红色圆圈处，经图谱分析放电类型为悬浮放电。

使用局部放电检测仪在 35kV 开关柜的前中、前下、后中、后下部分进行超声波检测，检测结果如表 20－1 所示。

表 20－1　35kV 某站 35kV 开关柜超声波检测数值　单位：dB

序号	开关柜名称	地电波					超声波	
		前中	前下	后上	后中	后下	前	后
1	35kV 某线 323 开关柜	18	19	17	16	17	2	22
2	35kV 某线 322 开关柜	18	18	18	17	17	1	1
3	35kV 某线 321 开关柜	18	16	17	17	17	1	2
4	35kV 2 段母线 TV 避雷器 32P 柜	17	17	19	20	18	2	1
5	2 号主变压器高压侧 302 开关柜	18	17	18	19	20	1	2
6	35kV 分段 300 开关柜	19	16	17	18	18	2	1
7	35kV 1 段母线 TV 避雷器 31P 柜	17	17	18	18	18	1	2
8	1 号主变压器高压侧 301 开关柜	20	18	17	19	18	2	1
9	35kV 某支线杜东线 311 开关柜	19	19	19	18	18	1	4
10	35kV 某线 312 开关柜	20	19	19	21	23	2	1

结合柜内存在的放电声和幅值大小，判断内部可能存在放电现象，放电位置位于 35kV 某线 323 开关柜后下部。

3　隐患处理情况

2016 年 4 月 18 日，变电运维人员在停电情况下打开开关柜后柜门发现 C 相出线电缆根部烧蚀严重，如图 20－3 所示。

将电缆头卸下后发现，烧蚀部位在内屏蔽层引出的接地线与柜底接触的部位，整个电缆头已经烧黑破裂，柜底也有明显的烧蚀痕迹。

35kV 某线 323 的出线电缆接地方式是：屏蔽层一端接地，另一端通过过电压保护器接地。正常运行时单根电缆如图 20－4 所示。

图 20－3　某线 323 开关柜 C 相出线电缆根部烧蚀严重

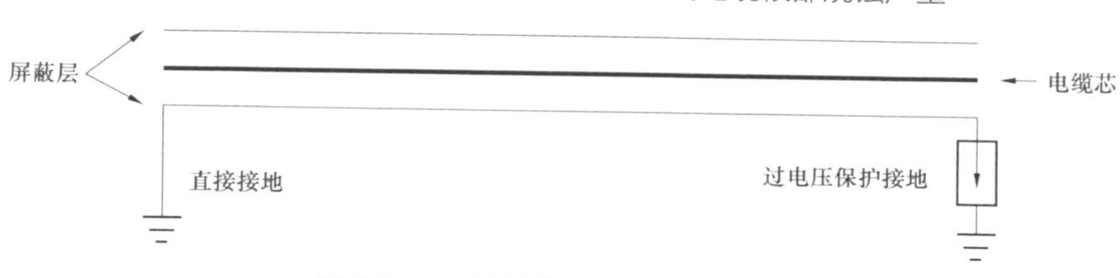

图 20－4　单芯电缆正常运行示意图

单芯电缆运行时，磁感应作用使得屏蔽层非直接接地端出现感应电压，感应电压大小与电缆长度和流过电缆芯的电流大小成正相关，电缆越长，屏蔽层感应电压越大。

电缆正常运行时，由于过电压保护的高阻抗作用，环流于屏蔽层与大地回路之间的电流非常小，发热影响可以忽略不计。通过图 20－3 看出，某线 323 开关柜 B 相出线电缆的屏蔽层已经与开关柜底接触，导致电缆屏蔽层出线多点直接接地，此时电缆运行如图 20－5 所示。

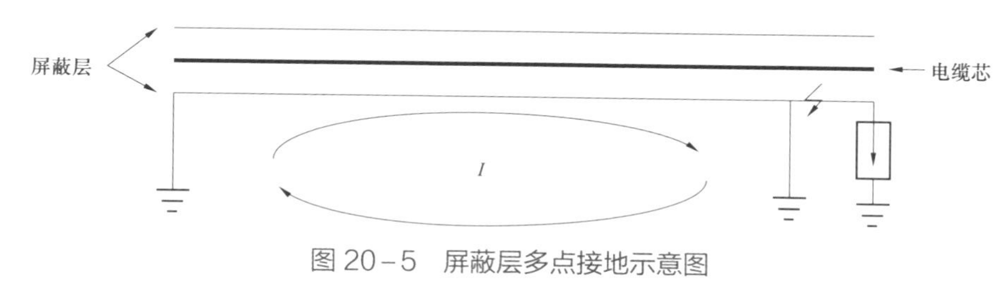

图 20－5　屏蔽层多点接地示意图

此时，屏蔽层由于感应电压及低电阻的作用出现很大的环流，其值可达到线芯电流的 50%～95%，由于接触电阻较大，在屏蔽层与柜体接触的地方产生严重发热，导致电缆根部烧蚀严重。

现场对烧蚀的开关柜进行了处理，重新制作电缆头，将屏蔽层引出的接地线用绝缘胶布完全包覆，恢复送电后异常放电消失。

4 经验体会

（1）开关柜超声波、暂态地电压是一种检测开关柜内部长期存在、发展缓慢的缺陷的有效带电检测项目，对放电幅值较高的开关柜，运行人员在巡视时要加强关注，可以结合停电进行检查处理。

（2）需要针对此类开关柜制订隐患排查计划，利用仪器进行开关柜暂态地电压检测，及早发现存在类似情况的开关柜。

（3）该类故障往往发热较为严重，但由于发热部位靠近开关柜底部，且与开关柜前后柜门距离较远，一般红外检测并不能发现开关柜内电缆终端存在的过热现象，建议红外检测人员进入存在类似开关柜变电站的电缆夹层，对电缆终端进行直接测温。

案例21　某供电公司220kV某变电站35kV某Ⅰ线3111开关柜局部放电

1　案例经过

某变电站35kV某Ⅰ线3111开关柜型号为ASN1－40.5，于2012年7月投运。

2015年7月22日，试验人员在进行变电站带电检测时，发现35kV某Ⅰ线3111开关柜超声波局部放电检测数据异常，且开关柜内存在轻微放电异响，怀疑内部存在局部放电，当即报告调控中心，并通知变电运维人员对开关柜进行了紧急处理。

当日21时30分，变电某班在办理事故应急抢修单，对35kV某Ⅰ线3111开关停电，打开开关柜后柜门，对开关柜电缆室进行检查，确定了多处放电位置：TA与TA之间、B相TA的复合绝缘裙与隔离挡板、B相避雷器引线对隔离挡板等，因这几处距离太近，加之柜内有潮气导致放电，绝缘挡板有明显放电痕迹。

2　检测分析方法

（1）暂态地电压测试。35kV某Ⅰ线3111开关柜暂态地电压测试相对值为3dB。根据《电力设备带电检测技术规范》规定，暂态地电压检测相对值不大于20dB为正常。

（2）超声波局部放电检测。35kV某Ⅰ线3111开关柜后面下部，其超声波局部放电数值相对最大值为13dB（背景噪声35dB）。根据《电力设备带电检测技术规范》规定，开关柜超声波局部放电检测，数值不大于8dB时为正常、数值大于8dB且小于或等于15dB为异常、数值大于15dB为缺陷，可以判断3111开关柜超声波局部放电检测数据异常。

3　隐患处理情况

2015年7月22日21时30分，变电某班在办理了事故应急抢修单后对其进行了以下工作：

（1）开关检查。在拉出开关后，发现开关下触头三相均受潮严重，表面附有一层铜绿，且触头护套明显可见点状放电痕迹，见图21－1和图21－2。

（2）开关柜电缆室内部各元器件检查。经检查，发现多处放电痕迹：

1）避雷器引线对隔离挡板有放电痕迹（见图21－3）；

2）B相TA与A相TA之间有放电痕迹（见图21－4）；

3）B相TA与C相TA之间有放电痕迹（见图21－4）；

图 21－1　下触头表面附有一层铜绿

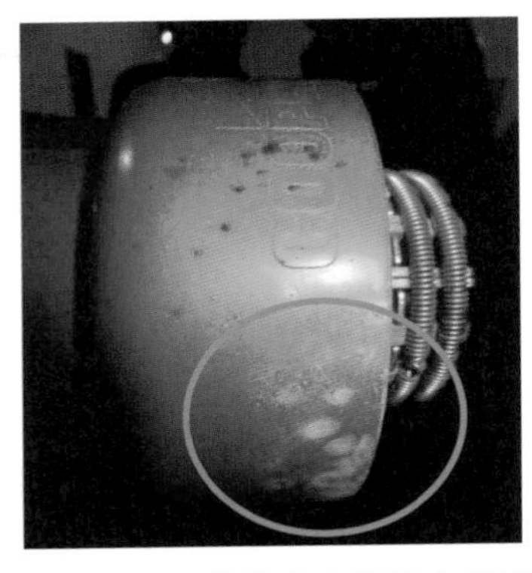

图 21－2　绝缘套上的放电痕迹

4）TA 对隔离挡板有放电痕迹。

其中，A、B、C 三相 TA 呈“品”字形分布，受柜体尺寸影响，B 与 A、B 与 C 相 TA 本体之间约有 10cm 长度的平行布置区域，其本体间距离仅约有 0.5cm，形成一条放电带，如图 21－5、图 21－6 所示。

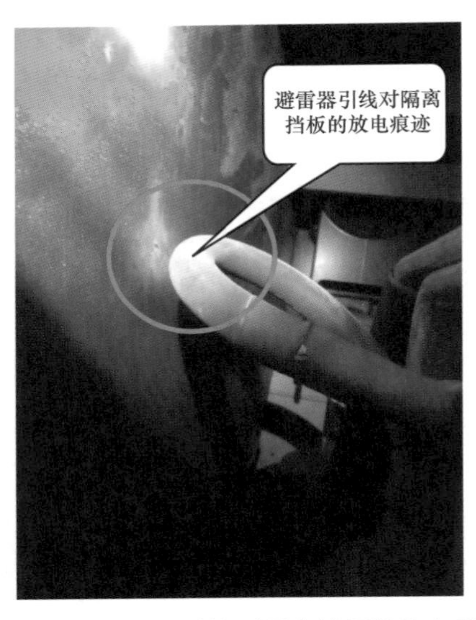

图 21－3　避雷器引线对隔离挡板的放电痕迹

图 21－4　B、C 相 TA 之间的带状放电痕迹

（3）处理情况。将 3111 开关本体及触头护套放电痕迹擦拭干净，打开后柜门，对开关柜电缆室内 TA、避雷器、隔离挡板、电缆终端头等部件进行擦拭，特别对有放电痕迹的部位除尘、除潮，将避雷器引线重新连接，加大其与隔离挡板的距离，调节隔离挡板安装位置，加大隔离挡板与 TA 复合绝缘裙之间的距离，如图 21－7、图 21－8 所示。

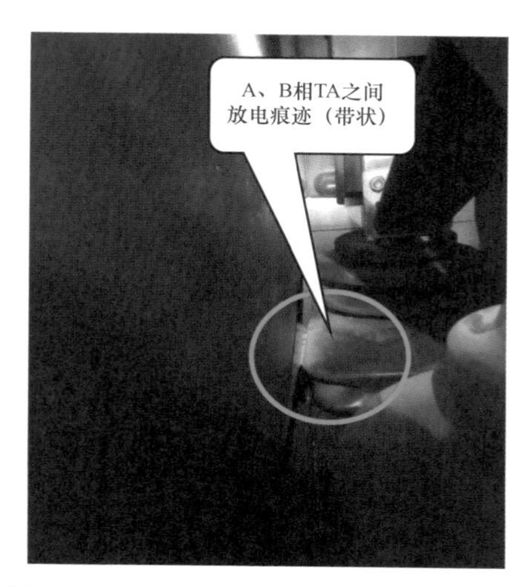

图 21-5　A、B 相 TA 之间的带状放电痕迹

图 21-6　TA 复合绝缘裙对隔离挡板的放电痕迹

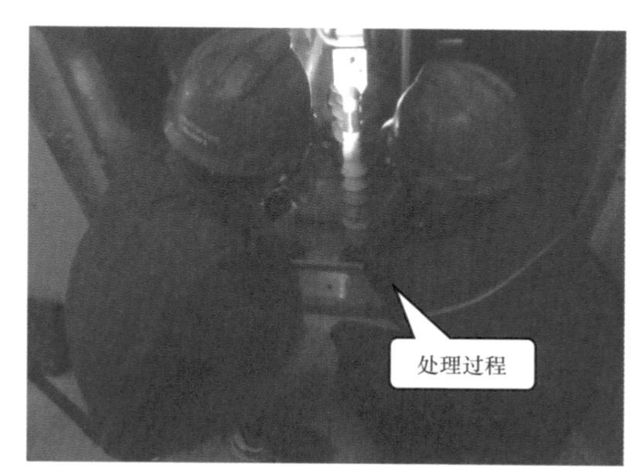

图 21-7　隐患处理现场

（4）送电后复查。处理完成后，对某Ⅰ线 3111 开关送电，经检查，避雷器引线对隔离挡板、TA 复合绝缘裙对隔离挡板放电情况均消失，只有 B、A 相 TA 及 B、C 相 TA 之间的放电仍存在，故需协调厂家人员到现场对柜内 TA 布置情况是否满足安全距离要求进行检查确认。

（5）8 月 3 日，对存在隐患的 35kVⅠ段母线及各出线间隔停电，彻底检查处理，更换了存在隐患的柜间绝缘套管、绝缘护套和开关触头。

图 21-8 隐患处理措施

4 经验体会

（1）柜内存在潮气是引发开关柜内部局部放电的常见原因。在开关柜投运前，应对开关柜加热除潮装置、防火封堵情况、柜内元器件布置情况进行全面细致的检查，确保潮气不能进入。

（2）有效开展设备巡视、带电检测，加强设备管理，能够及时发现设备存在的隐患，降低设备事故率。

案例 22　某供电公司 220kV 某变电站 35kV 开关柜带电检测

1　案例经过

某供电公司 220kV 某变电站 35kV 开关柜于 2012 年 9 月投运。2016 年 1 月 20 日，变电某室电气试验班在进行开关柜暂态地电压及超声波局部放电带电检测时，发现 301 开关柜能够听到明显放电声音，且声音持续。进行 TEV 检测，未发现明显异常。进行超声波局部放电检测，经检测发现 2 母线 32TV 开关柜超声波局部放电检测幅值最大，达到 26dB，因此将此放电缺陷定位在 2 母线 32TV 开关柜柜内。

2　检测分析方法

2015 年 10 月 9 日，变电某室电气试验班在进行开关柜暂态地电压及超声波局部放电带电检测时，发现 1 号变压器 301 开关柜能够听到明显放电声音，且声音持续。进行超声波局部放电检测（见图 22－1），发现 1 号变压器 301 开关柜背面中部超声波检测信号异常，仪器的指示灯为红色。当仪器指示灯为红色时，检测信号幅值为 26dB，最大值处位于开关柜的上柜。剩余柜子的超声波局部放电检测信号幅值均小于 8dB（见表 22－1），因此将此放电缺陷定位在 1 号变压器 301 开关柜柜内。

图 22－1　开关柜局部放电超声波检测

表 22-1　高压开关柜局部放电超声波和暂态对地电压检测数据记录表

变电站名称：220kV 某变电站　　检测人员：
检测单位：　　检测时间：2016-01-28
天气：晴　　开关室温度：2℃　　开关室湿度：30%
制造厂：　　制造年月：　　额定电压：
暂态对地电压法背景噪声（与开关柜不相连的 3 个金属制品上的幅值）：①44　②49　③40

序号	设备名称	型号	暂态对地电压法						超声波法		
			开关柜前面（dB）		开关柜背面（dB）			危险等级	有无局部放电声音	幅值（dB）	危险等级
			中	下	上	中	下				
			幅值	幅值	幅值	幅值	幅值				
1	1 母线 31TV	KYN-40.5-8	50	50	50	50	50	正常	无	<8	正常
2	古北线 311	KYN-40.5-8	50	50	50	50	50	正常	无	<8	正常
3	1 号变压器 301	KYN-40.5-8	50	50	50	50	50	正常	有	19	异常
4	古皇线 312	KYN-40.5-8	50	50	50	50	50	正常	无	<8	正常
5	古齐线 313	KYN-40.5-8	50	50	50	50	50	正常	无	<8	正常
6	鑫秦 1 线	KYN-40.5-8	50	50	50	50	50	正常	无	<8	正常
7	1 号站用变压器 315	KYN-40.5-8	50	50	50	50	50	正常	无	<8	正常
8	1 号电容器 316	KYN-40.5-8	50	50	50	50	50	正常	无	<8	正常
9	2 号电容器 317	KYN-40.5-8	50	50	50	50	50	正常	无	<8	正常
10	3 号电容器 318	KYN-40.5-8	50	50	50	50	50	正常	无	<8	正常
11	分段 300 丙刀闸	KYN-40.5-8	50	50	50	50	50	正常	无	<8	正常
12	分段 300 开关	KYN-40.5-8	50	50	50	50	50	正常	无	<8	正常
13	2 母线 32TV	KYN-40.5-8	50	50	50	50	50	正常	有	<8	正常
14	2 号站用变压器 302	KYN-40.5-8	50	50	50	50	50	正常	无	<8	正常
15	2 号变压器 302	KYN-40.5-8	50	50	50	50	50	正常	无	<8	正常
16	4 号电容器 322	KYN-40.5-8	50	50	50	50	50	正常	无	<8	正常
17	5 号电容器 323	KYN-40.5-8	50	50	50	50	50	正常	无	<8	正常
18	6 号电容器 324	KYN-40.5-8	50	50	50	50	50	正常	无	<8	正常

2 月 4 日，试验人员对 35kV 开关柜进行了外观检查和局部放电检测。通过复测，1 号变压器 301 开关柜超声波局部放电检测幅值为 28dB。

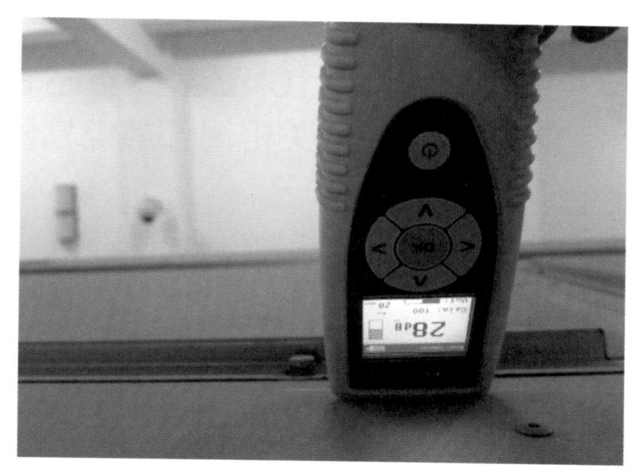

图 22-2　35kV 1 号变压器 301 开关柜超声波局部放电测试

3　隐患处理情况

通过开关柜超声波局部放电检测，将此放电缺陷定位在 1 号变压器 301 开关柜柜内，初步判断为后下柜。2016 年 3 月 14 日，1 号变压器停电，检查 1 号变压器 301 开关柜，发现 301 后下柜 35kV 避雷器的计数器固定在后下柜的一块金属板上，金属板与柜体连接接地。避雷器引出线与计数器上端子连接的螺栓松动，造成 1 号变压器 301 开关柜后下柜有连续的放电声。紧固该螺栓送电后复测，开关柜连续的放电声消失，开关柜超声波局部放电检测正常。

4　经验体会

（1）超声波局部放电检测一般检测频率在 20～100kHz 之间的信号，若有数值显示，可根据显示的 dB 值进行分析。若检测到异常信号，可利用超高频检测法、频谱仪和高速示波器等仪器和手段进行综合判断。

（2）发现放电异常现象后，应结合停电试验进一步检查、试验。必须制定行之有效的试验方案，有针对性地进行故障排查，才能提高故障诊断率。

（3）保证电网的安全稳定运行，应加强带电检测工作，制订有效的带电检测方案，有针对性地进行故障排查，提高故障诊断率。发现异常后，应结合停电进行进一步检查、试验，及时处理带电检测过程中发现的问题。

案例 23 某供电公司 110kV 某变电站 35kV 3 号变压器 303 开关柜局部放电检测

1 案例经过

3 号主变压器 303 间隔设备为 KYN618－40.5(7)型开关柜，生产日期为 2012 年 5 月。2015 年 8 月 18 日，电气试验人员对该站进行全站带电测试时，发现该变电站 3 号主变压器 303 间隔开关柜内有异响，使用 UltraTEV Plus 手持式暂态地电压放电检测仪对该站 35kV 所有开关柜进行带电检测。结果显示，3 号主变压器 303 间隔开关柜超声波检测值大于 15dB，其他间隔开关柜超声波检测值均在正常范围（小于 8dB），初步分析认为 3 号主变压器 303 间隔开关柜内部存在放电现象。

2 检测分析方法

检测人员使用暂态地电压（TEV）方法和超声波法进行检测。对 35kV 开关柜按照常规程序检测暂态地电压数据。进行超声波局部放电检测仪器的指示灯为橙色，当仪器指示灯为红色时，检测信号幅值为 15dB，如图 23－1 所示，详细测试数据如表 23－1 所示。

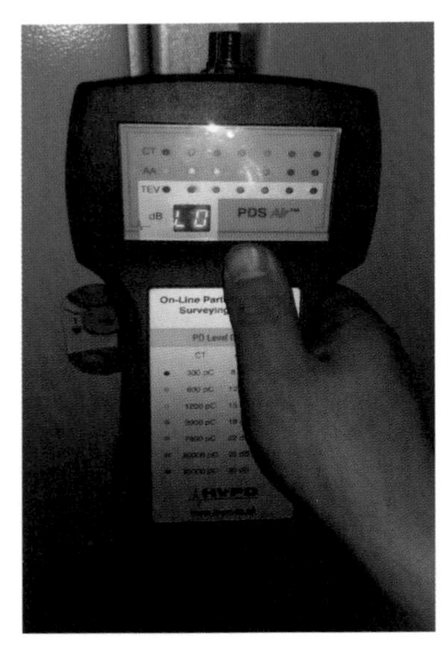

图 23－1 开关柜局部放电超声波检测

表 23-1　高压开关柜局部放电超声波和暂态对地电压检测数据记录表

天气：晴　　　　开关室温度：34℃　　　　开关室湿度：60%

序号	设备名称	型号	暂态对地电压法						超声波法			
			开关柜前面（dB）		开关柜背面（dB）			危险等级	有无局部放电声音	幅值（dB）	危险等级	检测日期
			中	下	上	中	下					
			幅值	幅值	幅值	幅值	幅值					
1	分段 330 开关	KYN81B-40.5	16	13	15	17	12	正常	无	<8	正常	2015.8.18
2	分段 3301 刀闸	KYN81B-40.5	13	12	16	14	13	正常	无	<8	正常	2015.8.18
3	腾达Ⅰ线 342 开关	KYN81B-40.5	13	14	13	13	12	正常	无	<8	正常	2015.8.18
4	32BTV 熔断器	KYN81B-40.5	15	14	16	13	13	正常	无	<8	正常	2015.8.18
5	2 号变压器 3022 开关	KYN81B-40.5	15	15	14	13	14	正常	无	<8	正常	2015.8.18
6	2 号变压器 302 刀闸	KYN81B-40.5	17	16	12	13	14	正常	无	<8	正常	2015.8.18
7	2 号变压器 3021 开关	KYN81B-40.5	16	15	14	13	13	正常	无	<8	正常	2015.8.18
8	32A TV 熔断器	KYN81B-40.5	14	15	14	13	12	正常	无	<8	正常	2015.8.18
9	分段 3101 刀闸	KYN81B-40.5	13	13	14	15	16	正常	无	<8	正常	2015.8.18
10	3 号变压器 303 开关	KYN81B-40.5	13	12	16	15	14	正常	有	19	缺陷	2015.8.18
11	腾达Ⅱ线 331 开关	KYN81B-40.5	13	13	14	15	16	正常	无	<8	正常	2015.8.18
12	33TV 熔断器	KYN81B-40.5	14	16	16	17	18	正常	无	<8	正常	2015.8.18

使用超声波法检测时，得到的幅值正常值应小于 8dB，大于 15dB 则是出现放电缺陷。对使用超声波法检测的结果进行分析，3 号主变压器 303 间隔后柜门下部测试幅值最高为 19dB，不难看出以上间隔存在较严重的放电现象，且检测结果表明后部的幅值最大，初步判定放电点在开关柜的后部。

10 月 29 日，试验人员对该站 3 号主变压器 303 间隔开关柜进行了暂态地电压和超声波局部放电复测（见图 23-2），测试结果见表 23-2，使用超声波法检测的局部放电幅值为 26dB，跟踪检测结果与 8 月 18 日的检测结果相比，增加幅度较大，可以判定内部放电强度有所增加。

图 23－2　开关柜局部放电超声波检测

表 23－2　高压开关柜局部放电超声波和暂态对地电压检测数据记录表

天气：晴　　　　开关室温度：16℃　　　　开关室湿度：50%

设备名称	型号	暂态对地电压法						超声波法			
		开关柜前面（dB）		开关柜背面（dB）			危险等级	有无局部放电声音	幅值（dB）	危险等级	检测日期
		中	下	上	中	下					
		幅值	幅值	幅值	幅值	幅值					
3 号变压器 303 开关	KYN81B－40.5	13	10	10	13	11	正常	有	26	缺陷	2015.10.29

3　隐患处理情况

2015 年 11 月 2 日，根据公司计划安排在该站 35kV 2A、2B、3 号母线停电后，变电某二班办理第一种工作票，对 35kV 3 号变压器 303 开关柜进行检查，工作人员在拉出开关车后，发现开关车 A 相极柱外绝缘筒下部存在明显的白色放电灼伤痕迹（见图 23－3），与此对应的是二次插头联络线的外屏蔽层在靠近开关车 A 相极柱绝缘筒的方向也存在一定程度的放电烧伤情况，而且二次插头联络线自由垂落在开关车底部金属壳体，并在靠近 A 相极柱处贴在极柱绝缘筒下部，正常情况下二次插头联络线应使用尼龙扎带固定于三相极柱绝缘筒后面的三角形绝缘支撑件上，并与极柱保持足够的空气间隙。据此，工作人员进一步检查分析，认为二次插头联络线松动脱落贴在了 A 相极柱绝缘筒下部，由于 35kV 3 号变压器 303 开关在带电运行中的持续轻微振动，使得 A 相极柱与二次插头联络线之间存在不断摩擦，致使二次插头联络线的外绝缘护套破损，露出了金属屏蔽层，联络线的金属屏蔽层在 A 相极柱长期强电场作用下发生放电，故而引起极柱绝缘筒下部和二次插头联络线屏蔽层的灼伤。

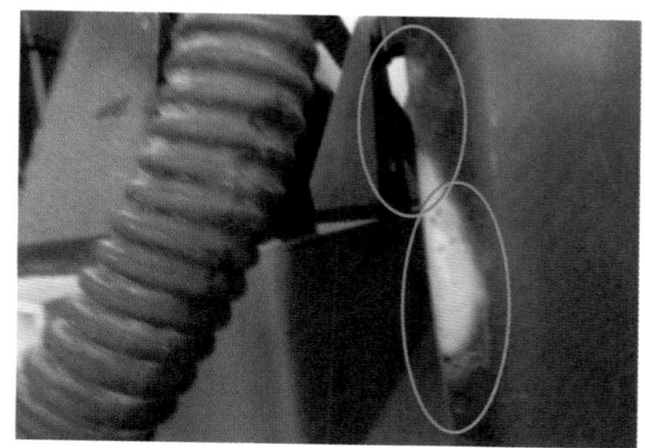

图 23-3　35kV 3 号变压器 303 开关柜内部放电情况

在找到故障位置和查明原因后，依次打开开关车 A、B、C 三相极柱结构，将损伤的旧的极柱外绝缘筒拆除，更换为新的极柱绝缘筒，并且也更换了新的二次插头联络线，同时用尼龙扎带将二次插头联络线紧紧固定在三角形绝缘支撑件上，并与三相极柱绝缘筒保持足够的空气间隙。另外，对开关车静触头金属导电部分进行了清洗打磨，然后均匀涂抹一层导电脂。处理完毕后试验人员再次试加工作电压，现场未发现有放电声，3 日在 35kV 2A、2B、3 号母线和 3 号变压器 303 开关柜送电后，工作人员用超声波法和暂态地电压法对 303 开关柜进行再次测量未发现异常（见表 23-3），局部放电隐患得到了消除。

表 23-3　　处理后复测开关柜超声波局部放电幅值　　单位：dB

开关柜间隔	TEV 检测幅值	
	前面	后面
3 号变压器 303 开关柜	5	6

4　经验体会

（1）该变电站位于某市某区境内，担负着十几家大型某厂、制药厂的电源供应，是某区一个重要的电源点，因此也对供电可靠些提出了更高的要求，若该变电站出现故障跳闸，将会造成严重的社会影响。发现缺陷后，公司立即启动应急预案，制定了科学策略，处理及时，避免了缺陷的继续发展。

（2）超声波法对开关柜类设备的局部放电检测有较好的效果，能够有效地发现在开关柜运输、安装、运行过程中隐藏的缺陷。尤其对于过去通过听声音的经验来判断放电来说无疑是很大的进步。

（3）超声波检测方法对于测试人员的技术要求高，以后要对员工加强暂态地电压检测方法的培训，培养出多位经验丰富的测试人员。

（4）某公司生产的型号为 KYN618－40.5（7）的开关柜在产品出厂时并没有将开关车二次插头联络线固定在极柱后面的三角形绝缘支撑件上或者绑扎不牢靠，存在联络线脱落接触极柱外绝缘筒的可能，今后在设备验收和例行某时，应及时检查开关车二次插头联络线是否可靠固定，并与极柱保持足够的空气间隙，日常应加强对该型号开关柜的巡视和带电检测。

案例 24　某供电公司 110kV 某变电站 10kV 某一线开关柜内电缆表面沿面放电缺陷

1　案例经过

2016 年 3 月 11 日，某供电公司电气试验班对 110kV 某变电站进行带电检测，在对 10kV 高压室开关柜进行超声波（AE）、暂态地电压（TEV）、特高频（UHF）局部放电联合带电测试，发现 10kV 某一线开关柜存在幅值为 11.7mV 的异常超声波信号，特高频、暂态地电压测试正常。

结合超声波测试最大位置，通过超声定位找到了放电点的位置，验证了测试的准确性。

开关柜型号为 ZS1，出厂日期 2008 年 5 月，投运日期 2009 年 4 月。

2　检测分析方法

2.1　局部放电联合巡检

2016 年 3 月 11 日，采用 PDS－T90 型局部放电测试仪，以及超声波、暂态地电压、特高频巡检仪对该高压室开关柜进行局部放电带电巡检普测。

（1）超声波检测：发现 10kV 某一线开关柜后中下部的位置超声波信号异常，信号幅值达到 11.7mV。从超声波幅值图谱（见图 24－1）看，频率成分 2＜频率成分 1，结合相位和波形图谱判断为沿面放电。

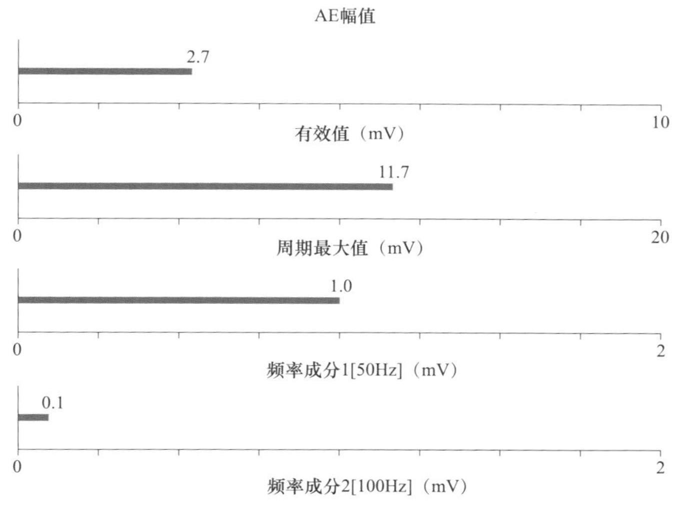

图 24－1　超声波幅值、相位、波形图谱（一）

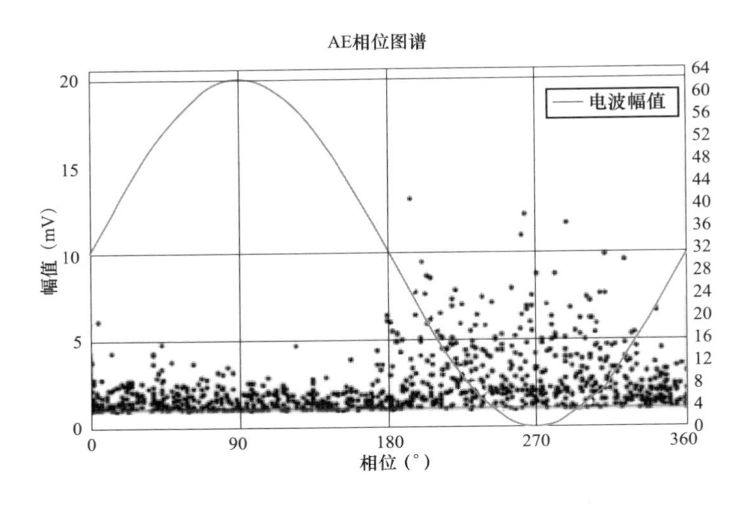

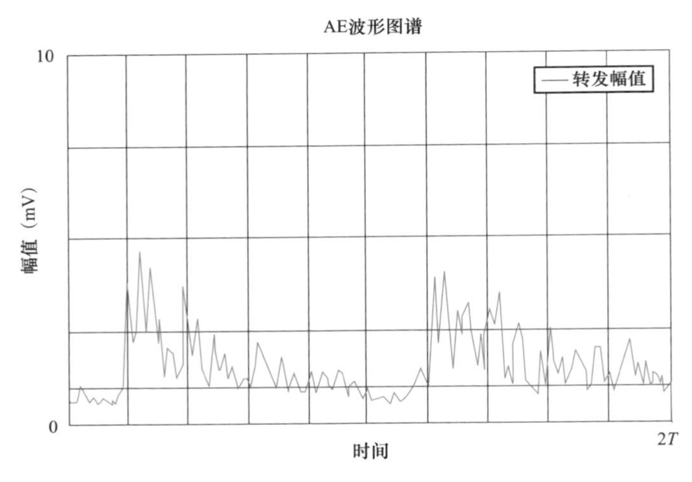

图 24－1　超声波幅值、相位、波形图谱（二）

（2）暂态地电压检测：暂态地电压暂未发现异常。

（3）特高频检测：特高频测试暂未发现异常。

2.2　停电检查及处理

电气试验班人员将缺陷问题汇报工区后，2016 年 3 月 16 日，根据调度指令安排将 10kV 某一线开关柜停电，将后柜门打开检查，发现柜内 B、C 相电缆有明显的沿面爬电灼烧痕迹（见图 24－2）。

对某一线的三相电缆终端进行了更换，处理完后，将 10kV 某一线开关柜送电，并重新复测超声局部放电，放电信号消失。

图 24-2　放电位置

3　经验体会

（1）超声波法对沿面放电测试较为灵敏。

（2）通过使用超声波测试寻找超声最大位置的方法，结合开关柜的内部结构能够进行放电点的准确查找及判断。

（3）10kV 开关柜内部局部放电的种类很多，主要分为内部放电和表面放电两种，目前主要采用的非介入方式、带电检测的方法主要为超声波检测和暂态地电压（TEV）两种检测方式，对于一些放电，可以同时侦测到超声波信号和 TEV 信号，而另一些放电情况只能检测到两种信号中的一种。因此，实际使用中这两种检测方式应互为补充，才能够更好地检测到所有局部放电情况。

第五篇　开关柜内其他类型放电典型案例

案例 25　某供电公司 220kV 某变电站 35kV 开关柜局部放电带电检测

1　案例经过

5 月 22 日，在 220kV 某变电站 35kV 开关柜的超声波与暂态地电压检测过程中，发现 35kV 某Ⅰ线 323 开关柜、2 号变压器 302 开关柜、2TV 开关柜超声波检测信号异常，且能够听到明显放电声音，放电声音间断出现。为对异常情况进行跟踪检测，观察信号发展趋势，6 月 19 日，对上述开关柜进行复测。检测过程中，220kV 某变电站 35kV 某Ⅰ线 323 开关柜、2 号变压器 302 开关柜、2TV 开关柜超声波异常信号均比 5 月 22 日检测数据有所增长，且能听到连续的放电声音。8 月 4 日，对 2 号变压器 302 开关柜、2TV 开关柜进行停电处理，处理时分阶段多次对开关柜进行带电测试。

2　检测分析方法

2.1　超声波局部放电检测

超声波检测过程中，试验人员将超声波传感器沿着开关柜上的缝隙扫描检测，先后在 5 月 22 日，6 月 19 日、8 月 30 日缺陷处理前后进行了四次开关柜超声波局部放电检测，测试数据见表 25－1。经过四次测试，可以得出处理后三个柜子的放电幅值均恢复正常。

表 25－1　　　　高压开关柜局部放电超声波检测数据

序号	设备名称	型号	超声波法（dB）			检测日期
			有无放电声音	幅值	危险等级	
1	某Ⅰ线 323	KYN－40.5	有	20	缺陷	5 月 22 日
			有	26	缺陷	6 月 19 日
			有	30	缺陷	8 月 30 日停电前
			无	5	正常	8 月 30 日恢复送电后
2	2 号变压器 302	KYN－40.5	有	12	缺陷	5 月 22 日
			有	19	缺陷	6 月 19 日
			有	26	缺陷	8 月 30 日停电前
			无	5	正常	8 月 30 日恢复送电后

续表

序号	设备名称	型号	超声波法（dB）			检测日期
			有无放电声音	幅值	危险等级	
3	2TV	KYN－40.5	有	12	缺陷	5月22日
			有	19	缺陷	6月19日
			有	26	缺陷	8月30日停电前
			无	7	正常	8月30日恢复送电后

2.2 暂态地电压

试验人员同时对三个开关柜进行了暂态地电压检测，主要检测母排（连接处、穿墙套管、支撑绝缘件等）、断路器、电流互感器（TA）、电压互感器（TV）、电缆等设备所对应到开关柜柜壁的位置。这些设备大部分位于开关柜前面板中部及下部，后面板上部、中部及下部、侧面板的上部、中部及下部。

5月22日和6月19日，35kV某Ⅰ线323开关柜、2号变压器302开关柜、2TV开关柜均正常，见表25－2。

表25－2　高压开关柜局部放电超声波与暂态对地电压检测数据

序号	设备名称	型号	暂态对地电压（dB）					
			开关柜前面		开关柜背面			危险等级
			中	下	上	中	下	
			幅值	幅值	幅值	幅值	幅值	
5月22日测试结果								
1	某Ⅰ线323	KYN－40.5	14	11	20	17	17	正常
2	2号变压器302	KYN－40.5	14	12	22	17	15	正常
3	2TV	KYN－40.5	13	13	15	15	14	正常
6月19日测试结果								
1	某Ⅰ线323	KYN－40.5	14	11	20	17	17	正常
2	2号变压器302	KYN－40.5	14	12	22	17	15	正常
3	2TV	KYN－40.5	13	13	15	15	14	正常
8月4日开关拉停电前测试结果								
1	某Ⅰ线323	KYN－40.5	15	15	31	31	30	正常
2	2号变压器302	KYN－40.5	22	15	17	16	16	正常
3	2TV	KYN－40.5	13	15	14	13	18	正常

从表 25－2 中测试数据可以得出，5 月 22 日和 6 月 19 日三个柜子的暂态地电压相对值未超过注意值 20dB，状态均正常，但 8 月 4 日停电前，35kV 某Ⅰ线 323 的暂态地电压的试验数据相比前两次测试数据变大。

2.3　停电后外观检查

停电后将断路器拖至柜外，首先对 2 号变压器 302 开关的断路器和 2TV 开关柜的 TV、避雷器进行外观检查，发现 TV 三相触头均有明显的水渍痕迹，如图 25－1 所示。

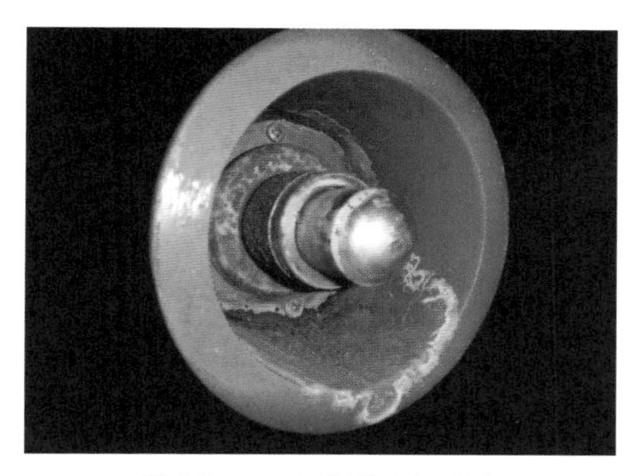

图 25－1　TV 触头水渍痕迹

TV 避雷器触头引线有明显的铜绿色锈渍，如图 25－2 所示。

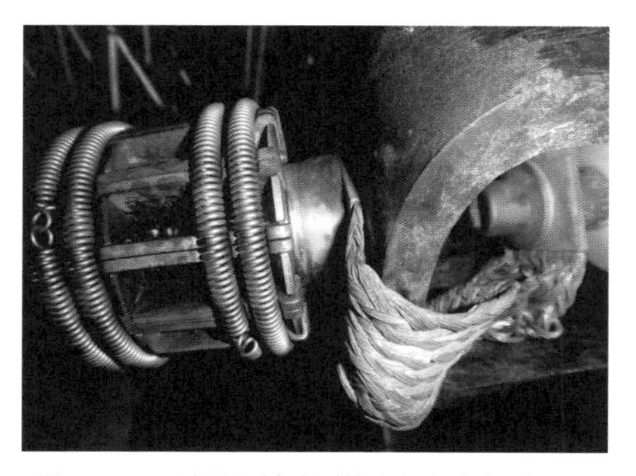

图 25－2　避雷器触头引线上铜绿色锈渍明显

2.4　停电试验数据分析

试验人员对 2 号变压器 302 开关柜内的断路器和 2TV 避雷器进行了停电试验，停电试验数据见表 25－3～表 25－5。由此可以看出，302 断路器和避雷器均正常，可判断开关柜内设备无异常，开关柜内放电的原因为环境湿度过高。

表 25-3　　302 断路器交流耐压试验数据

实验仪器	交流耐压试验装置			
相别	交流耐压			
	加压部位	电压（kV）/60s	结果	绝缘电阻（MΩ）
A	本体	95	通过	10 000
	断口	95	通过	10 000
B	本体	95	通过	10 000
	断口	95	通过	10 000
C	本体	95	通过	10 000
	断口	95	通过	10 000
备注				

表 25-4　　302 断路器绝缘电阻和主回路电阻试验数据

环境温度（℃）	30		试验仪器	数字绝缘电阻表，5502
环境湿度（%）	75			
相别	绝缘电阻（MΩ）			主回路电阻（μΩ）
A	10 000	10 000		23
B	10 000	10 000		24
C	10 000	10 000		22

表 25-5　　直流参考电压及泄漏电流试验

试验仪器		数字绝缘电阻表，AST-200 直流发生器			
相别	元件（由上到下）	本体绝缘（MΩ）	直流 1mA 电压（kV）	75%U_{1mA} 下电流（μA）	底座绝缘（MΩ）
			实测	实测	
A	1	10 000	74.4	23	10 000
B	1	10 000	74	22	10 000
C	1	10 000	74.1	23	10 000
备注					

3　隐患处理情况

根据检测结果，某供电公司对35kV 10个间隔的电缆出线孔从电缆层侧进行了防潮封堵，并对35kV所有间隔加热器进行了检查（包含启动定值、运行状态等），确保加热器工作正常。在晴朗、干燥天气时，高压室、电缆层开启排风机进行强制排风驱湿，阴雨、潮湿天气时停止排风；在高压室、电缆层增加排风装置，提高驱湿效果，降低开关柜受潮。同时，缩短带电普测周期，每5天安排一次巡视检测，确保开关柜不再出现放电现象；大雨、暴雨后及时特巡检测，并将数据进行专业综合分析，变化较大时进行复测，必要时进行停电处理。

4　经验体会

（1）超声波局部放电检测一般检测频率在20～100kHz之间的信号，若有数值显示，可根据显示的dB值进行分析。若检测到异常信号，可利用超高频检测法、频谱仪和高速示波器等仪器和手段进行综合判断。

（2）在进行开关柜暂态地电压检测时，每个站所有开关柜检测时应使用同一设备进行。有异常情况时，可开展长时间在线监测，采集监测数据进行综合判断。

案例 26 某供电公司 220kV 某变电站 10kV 某四线开关柜放电缺陷

1 案例经过

2016 年 3 月 19 日，室外温度 14℃，湿度 70%以上，变电某室组织了变电站带电测试工作。电气试验人员进行 220kV 某变电站开关柜的局部放电带电检测工作时，发现某站 10kV 某四线 4 开关柜检测数据异常，且开关柜内存在明显的异响，怀疑开关柜内部存在局部放电，对开关柜进行了停电处理。

2 检测分析方法

表 26－1 10kV 某四线开关柜局部放电测试报告

日期：2013－08－15 天气：晴 温度：20℃ 湿度：60%

背景值	地电波：3dB 超声：－10dB						
开关柜名称	地电波测试（dB）					超声测试（dB）	
	前中	前下	后上	后中	后下	柜前	柜后
某四线	51	28	36	47	30	15	5
其他开关柜	≤10					≤0	

从表 26－1 中数据可以看出，10kV 某四线 TEV 测量值比其他开关柜大很多，对照开关柜 TEV 检测法判据，TEV 测量值超过 50dB 说明设备内部产生了明显的放电，需进行停电；超过 30dB 应重点关注，尽可能停电检查。

3 缺陷处理情况

变电某班组于 2016 年 3 月 19 日 16 时 00 分办理开工（事故抢修单编号：32BQ 0001244）10kV 某四线 4 开关，制造厂为某开关有限公司，投运日期为 2014 年 10 月 30 日。对 10kV 某四线 4 开关柜进行了停电检查，发现 10kV 某四线 4 开关 6 只梅花触指均存在不同程度的烧熔，其中 B 相上触指烧熔最为严重，如图 26－1 所示。

开关的 6 只静触头也存在不同程度的烧熔，如图 26－2 所示。从图中可以看出，触指和静触头烧蚀点都位于倒角处，说明开关柜运行时手车动静触头咬合于此，通过倒角构成了电流回路。

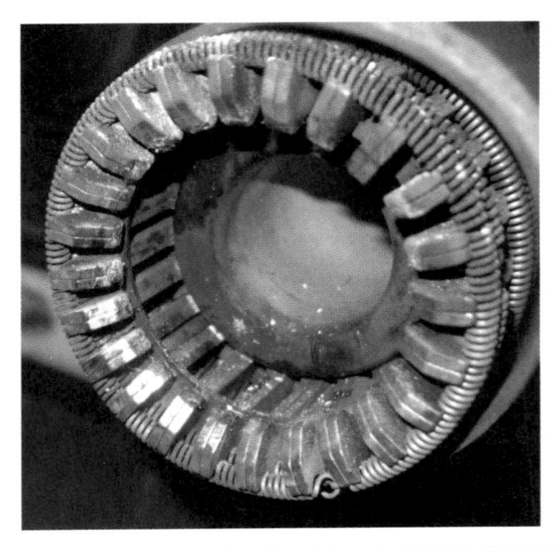

图 26-1　10kV 某四线开关 B 相触指烧熔严重

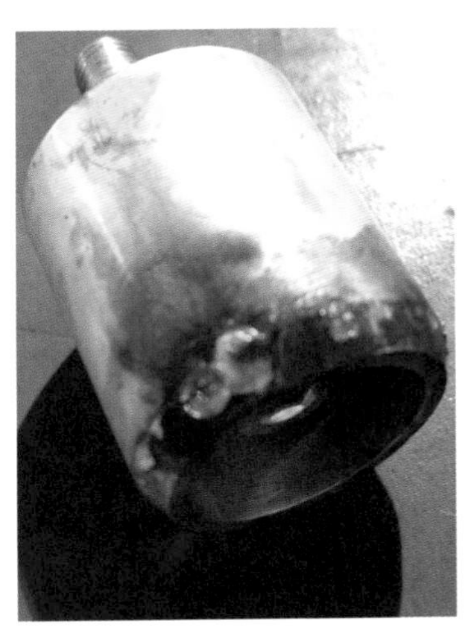

图 26-2　静触头烧熔情况

通过上面现场检查情况可以判断，本次故障是因为手车咬合行程不足造成的。在咬合不足的情况下，触指弹簧未完全绷紧，咬合处接触电阻较大，在大电流作用下长期发热，触臂、触头盒绝缘材料加速老化并持续累积，最终在绝缘薄弱处形成局部放电。

现场检查中发现，在触指和触头上涂抹凡士林，多次摇进摇出，均发现手车触指和触头咬合于倒角处，与上述推断一致。其中，B 相咬合深度最小仅 0.2cm，不满足出厂及运行要求（要求 1.0～2.5cm）。另经查询，设备停役前几天流过的最大电流为 320A。

通过以上分析判断，本放电故障是由于该开关柜静触头与开关柜内触头盒的导电部分没有充分接触所造成的，最终重新更换开关柜静触头，并进行反复调试合格后送电。

4 经验体会

（1）根据《输变电设备交接试验规程》，开关柜交接试验时应测量断路器直阻、柜内导电回路电阻、主母线回路电阻；实际工作中，开关柜回路电阻项目容易忽略。通过本次局部放电带电测量，发现了手车开关咬合不足的问题，这一问题本应通过交接回路电阻试验就能够检测出来，但是由于未开展此项目，未能及时发现。通过本次事件看出，开关柜的整体回路电阻试验是非常有必要做的，在接下来的工程调试和验收阶段应予以重点关注。

（2）加强开关柜局部放电带电检测工作。按照某周期，积极开展开关柜局部放电的检测工作，有异常情况及时处理，确保设备安全运行。

案例 27　某供电公司 220kV 某变电站 35kV 1 号母联 500A2 隔离手车柜暂态地电压检测

1　案例经过

2015 年 9 月 1 日，某供电公司变电运维人员对 220kV 某变电站进行带电检测时，发现该变电站 35kV 1 号母联 500A2 隔离手车柜试验数据异常。9 月 2 日，变电某室电气试验班对 35kV 1 号母联 500A2 隔离手车柜进行了复测诊断，结果显示 35kV 1 号母联 500A2 隔离手车柜暂态地电压测试数据峰值为 106dB，其他间隔开关柜暂态地检测值均在正常范围（相对值小于 20dB）。由于某变电站所处环境地势较低，京杭大运河流经该区域，气候潮湿，初步分析是因为受潮导致的开关柜内部放电。1 号母联隔离手车柜设备为某电器设备公司生产的 KYN60－40.5 手车柜。

2　检测分析方法

检测人员使用暂态地电压（TEV）方法检测。对 35kV 开关柜按照常规程序检测暂态地电压数据，背景值为 63.9dB，检测结果图和数据结果如图 27－1、图 27－2 和表 27－1 所示。

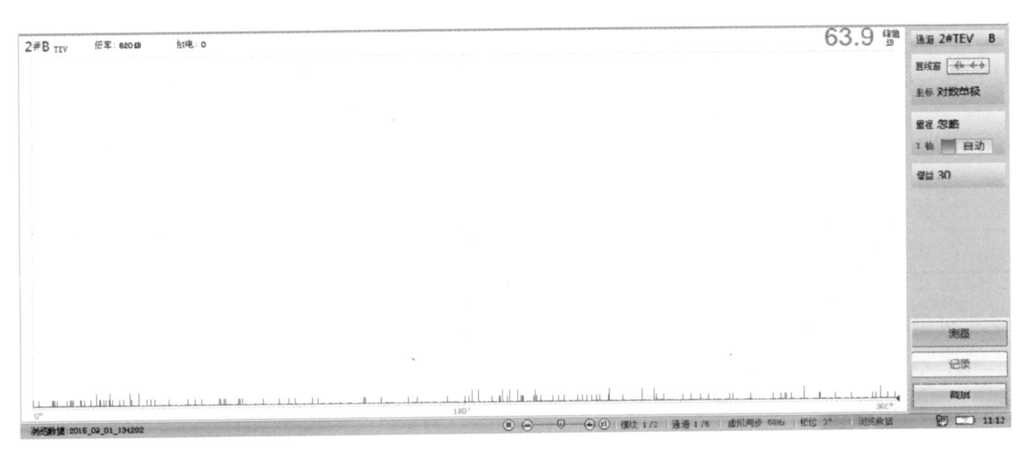

图 27－1　现场背景检测图谱

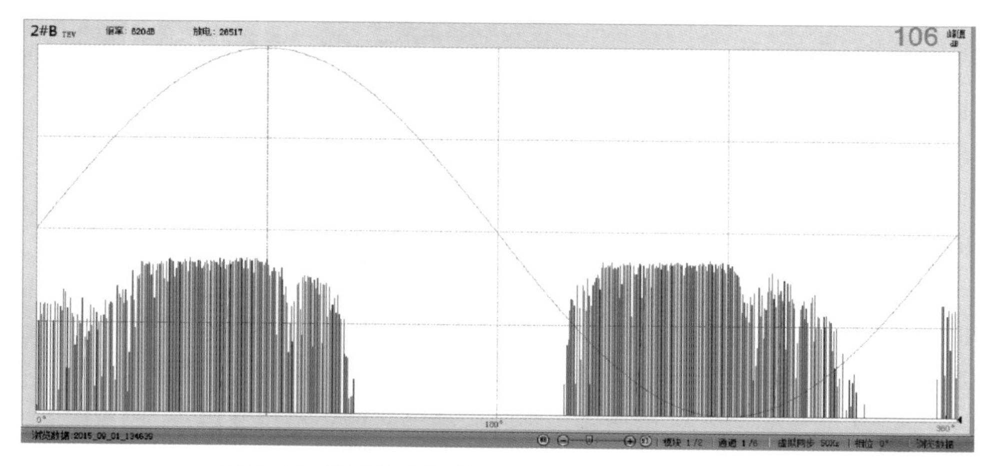

图 27－2　35kV 1 号母联 500A2 隔离手车柜检测图谱

表 27－1　　开关柜 TEV 检测（dB）幅值

开关柜间隔	暂态地电压（TEV）检测结果（dB）			
	前面		后面	
	测量值	相对值	测量值	相对值
511	67.3	3.4	64.5	0.6
512	68.3	4.4	64.3	0.4
518	70.3	6.4	65.5	1.6
500A	83.3	19.4	68.5	4.6
500A2	106	42.1	86	22.1
521	83.2	19.3	67.5	3.6
522	73.5	9.6	66.5	2.6
502	69.8	5.9	65.8	1.9
5004	67.3	3.4	64.8	0.9
525	66.8	2.9	64.3	0.4

使用暂态地电压（TEV）方法检测，得到的幅值正常的相对值应小于或等于 20dB，大于 20dB 则是异常现象。从图 27－2 和表 27－1 可以看出，35kV 1 号母联 500A2 隔离手车柜具有明显的放电现象。检测结果表明前部的幅值大于后部，初步判定放电点在手车柜的前部。

3　隐患处理情况

公司制订停电计划，于 2015 年 9 月 3 日进行停电处理，对 35kV 1 号母联 500A2

隔离手车柜进行全面检查。具体过程如下：

（1）测量 35kV 1 号母联 500A2 隔离手车柜 ABC 三相绝缘电阻，发现 C 相绝缘电阻为 1.2MΩ，远远小于 A 相 27.6GΩ、B 相 26.8GΩ，初步怀疑 C 相严重受潮（见图 27－3）。

（2）对 C 相进行解体检查，发现 C 相绝缘护套内部有水且覆盖一层白色的物质（见图 27－4），各部件都有一层氧化铜绿。

（3）测量绝缘护套内外壁之间绝缘电阻为 30.2GΩ，内壁上下之间的绝缘电阻为 1.3MΩ；判定绝缘护套绝缘能力降低是由于内壁脏污造成。

（4）将绝缘护套内壁用酒精清洗干净、干燥后测量绝缘护套内壁上下绝缘电阻为 34.7GΩ。

（5）将受潮氧化部分清洗打磨，然后涂刷凡士林。

（6）整体检测，试装小车，利用 5501A 回路电阻测试仪测试回路电阻，测量绝缘电阻合格后，进行交流耐压试验合格。

处理过程如图 27－5、图 27－6 所示。

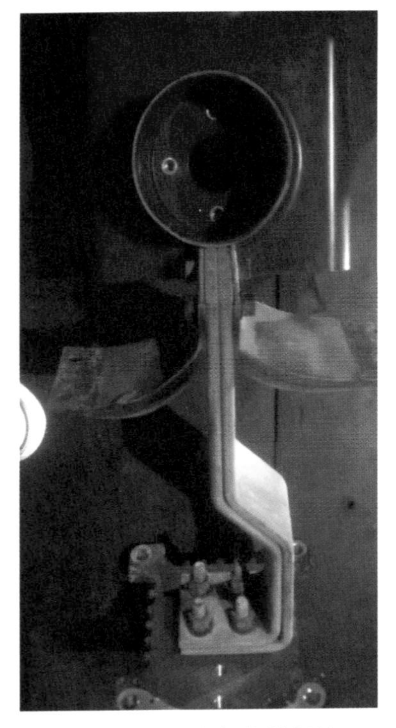

图 27－3　受潮氧化的部件

图 27－4　绝缘护套内壁一层白色物质

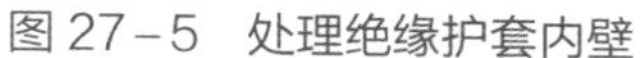

图 27-5　处理绝缘护套内壁

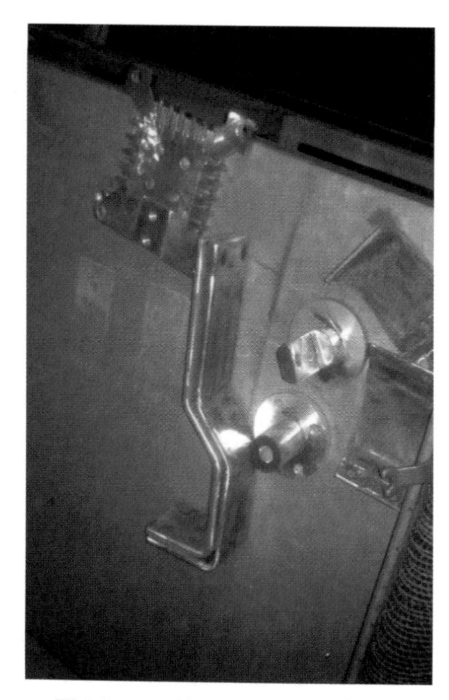

图 27-6　处理氧化部分后的照片

处理后放电声消失，用暂态地电压（TEV）方法检测结果表明 35kV 1 号母联 500A2 隔离手车柜幅值均在正常范围，数据如表 27-2 所示（背景为 16.7dB）。

表 27-2　　处理后复测开关柜 TEV 检测幅值　　单位：dB

开关柜间隔	暂态地电压（TEV）检测结果			
	前面		后面	
	测量值	相对值	测量值	相对值
500A2	20.1	3.4	20.2	3.5

4　经验体会

（1）由于 220kV 某变电站所处环境地势较低，京杭大运河流经该区域，气候潮湿，特别是春秋季节室内设备极易受潮，因此下一步应对此类特点的变电站采取相应的重点防潮、除潮措施，避免类似隐患发生。

（2）暂态地电压检测技术对开关柜类设备的局方检测有较好的效果，能够有效地发现在开关柜安装、运行过程中隐藏的缺陷。尤其对于过去通过肉耳听声音的经验来判断放电来说无疑是很大的进步。

（3）某电器设备公司生产的 KYN60－40.5 隔离手车容易造成露水的堆积，水分经反复凝集、干燥后会在绝缘护套内壁留下一层污垢，造成小车绝缘能力降低，进而产生放电现象。以后要加强对某电器设备公司生产的 KYN60－40.5 开关柜的巡视，缩短带电检测的检测周期。

案例28 某供电公司220kV某变电站35kV开关柜局部放电检测

1 案例经过

220kV某变电站35kV开关柜于2013年6月投运。2015年8月17日，试验人员对该站进行开关柜带电测试时，发现35kV开关柜内存在局部放电，进行精确定位后确定放电源位于Ⅱ组电容器35C2开关柜内部，放电信号源位置靠近开关柜前侧中部，放电类型为尖端放电，放电信号较为严重。8月25日，将35kVⅠ段母线停运后，立即对开关柜进行了检查处理，35C2间隔B相断路器极柱导电部分表面有较多铜锈分布，将金属锈蚀部分处理后送电复测，开关柜内放电消失。

2 检测分析方法

2015年8月17日，试验人员采用特高频及超声波方式对该35kV开关柜进行精确带电测试时，发现35kV开关柜内存在局部放电，如图28－1所示。

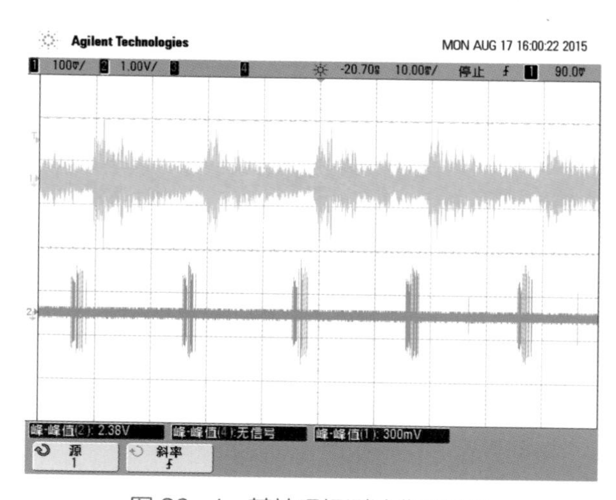

图28－1 某站现场测试典型信号

可以看到，测得的超声信号与特高频信号之间存在较好的对应性，该信号相位分布特征明显，每个工频周期内存在一个脉冲簇，与典型的尖端放电特征相似，应为尖端类放电。

为了确定放电信号的来源，采用特高频时间差法进行定位分析，将标识为绿色的特高频传感器贴近在35C2间隔柜，标识为红色的特高频传感器贴近邻近的开关柜，测试结果如图 28－2 所示。

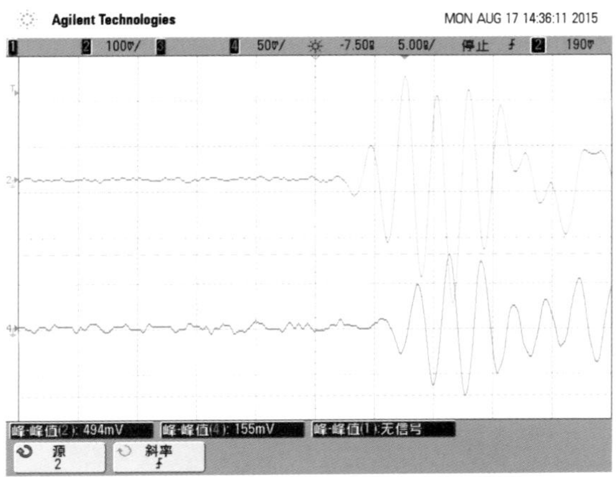

图 28－2　开关柜特高频时间差定位测试结果

由图 28－2 可以看到，绿色标识的特高频信号在时间上超某红色标识的特高频信号，因而，放电信号应源自 35C2 间隔柜。

为了初步确定放电源在开关柜内部的位置，对 35C2 开关柜前侧和后侧分别进行了测试，结果显示在开关柜前侧的信号远大于后侧，因而放电源应靠近开关柜前侧。

为进一步确定放电源的位置，继续采用特高频时间差法进行定位分析，如图 28－3 所示，将绿色标识的特高频传感器贴近 35C2 开关柜上端，红色标识的特高频传感器贴近开关柜下端。

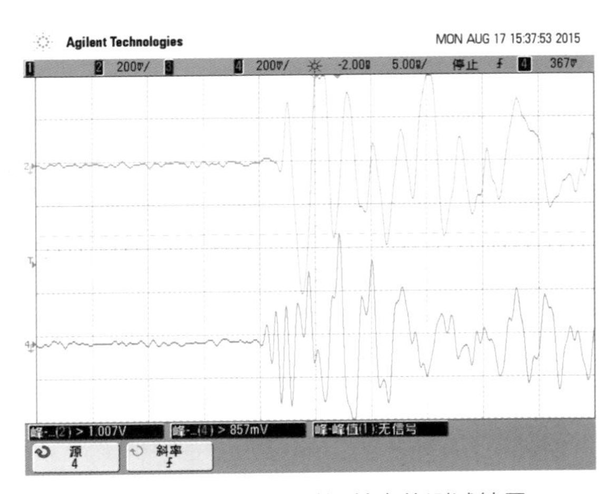

图 28－3　特高频时间差定位测试结果

由图 28－3 中的定位测试结果可以看到，红色标识的特高频信号在时间上超某绿色标识的特高频信号，因此放电源应靠近开关柜下端。

为确定放电源在开关柜下端的具体位置，采用超声时间差法对放电源进行定位分析，将黄色标识的超声传感器贴近 35C2 开关柜下部手车开关位置，紫色标识的超声传感器贴近开关柜上下柜门的连接缝隙，典型的定位测试结果如图 28－4 所示。

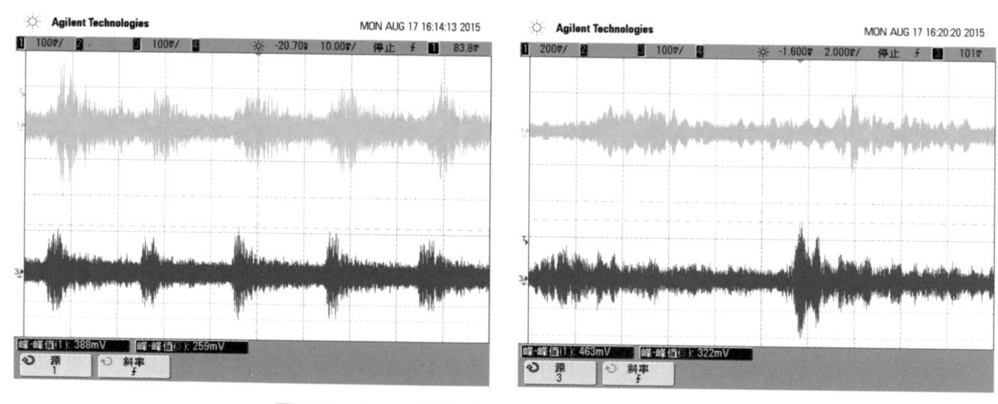

图 28－4　开关柜超声时间差定位测试结果

由图 28－4 可以看到，紫色标识的超声信号在时间上超某黄色标识的超声信号，放电源应靠近开关柜下端的上部，即开关柜的中间部位，大致位置如图 28－5 所示。

图 28－5　放电源大致位置

3　隐患处理情况

根据局部放电检测情况，8 月 25 日，将 35kV Ⅰ 段母线停运后，变电某室对 35C2

开关柜进行检查处理，将小车拉至某位置，拆除断路器极柱套筒帽后，发现 B 相断路器极柱导电部分表面有较多铜锈分布，如图 28－6 所示。

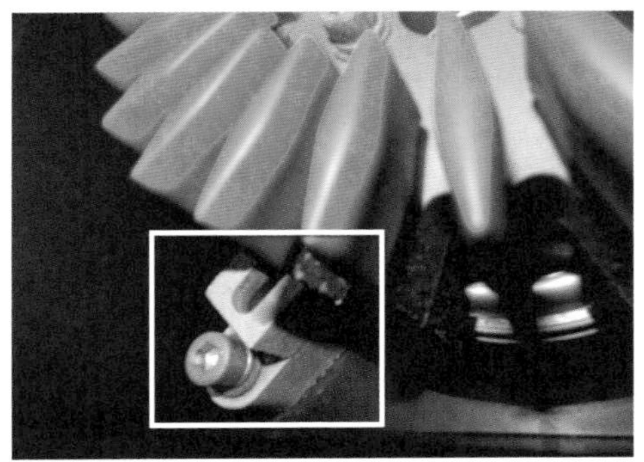

图 28－6　断路器 B 相极柱正视图

根据检查情况，确定前期检测到放电是由于开关小车 B 相断路器极柱表面的锈蚀引起局部电场集中而产生的，变电某室随即与厂家人员合作，对小车锈蚀部分进行消缺处理。开关柜消缺送电后，进行局部放电复测，放电现象消失。

4　经验体会

（1）局部放电检测可以有效发现开关柜内设备绝缘缺陷，测试时应注意超声波、特高频等不同检测方式的联合应用，保证测试结果的全面性。

（2）开关小车金属裸露部分长时间运行后，如果运行环境湿度较大，容易造成金属部件的锈蚀，影响电场分布，在开关室设计时，应考虑设备对运行环境的要求，确保设备运行温湿度符合相关标准。

案例 29 某供电公司 110kV 某变电站 35kV 高压室开关柜异常放电

1 案例经过

2018 年 4 月 20 日，在对 110kV 某变电站 35kV 开关柜设备开展超声波局部放电带电检测时，发现 35kV 某线 311 断路器柜、某线 312 开关柜顶部测点存在超声波局部放电异常放电信号，并可听到放电声音。

2 检测分析过程

2.1 发现缺陷

该变电站高压室开关柜设备为某高压电气开关有限公司生产，2002 年 12 月出厂，2003 年 3 月投运。检测人员对 35kV 某线 311 断路器柜、某线 312 开关柜、分段 345 断路器柜及其相邻间隔柜体进行了重点检测。根据检测结果，判定 35kV 某线 311 断路器柜、某线 312 开关柜母线室存在严重的沿面放电，分段 345 断路器柜正常。检测数据见表 29－1。

表 29－1　　35kV 开关柜带电检测数据

开关柜名称（前部）	某线 311 断路器柜	35kV 分段 345 开关	某线 312 开关柜	背景值（dB）
负荷电流（A）	200	0	0	
超声检测最大幅值（dB）	－1	0	11（中部偏下，不稳定，应为气流所致）	－3
超声检测 50Hz 相关性（dB）	－15	－15	－15	－15
超声检测 100Hz 相关性（dB）	－15	－15	－15	－15
暂态地电压检测最大幅值（dB）	3	4	4	3
特高频检测	未检测到明显放电图谱	未检测到明显放电图谱	未检测到明显放电图谱	正常
开关柜名称（后部）	某线 311 断路器柜	35kV 分段 345 开关	某线 312 开关柜	背景值（dB）
负荷电流（A）	200	0	0	
超声检测最大幅值（dB）	1	1	1	－3

续表

开关柜名称（前部）	某线 311 断路器柜	35kV 分段 345 开关	某线 312 开关柜	背景值（dB）
超声检测 50Hz 相关性（dB）	–15	–15	–15	–15
超声检测 100Hz 相关性（dB）	–15	–15	–15	–15
暂态地电压检测最大幅值（dB）	3	3	4	3
特高频检测	未检测到明显放电图谱	未检测到明显放电图谱	未检测到明显放电图谱	正常
开关柜名称（上部）	某线 311 断路器柜	35kV 分段 345 开关	某线 312 开关柜	背景值（dB）
负荷电流（A）	200	0	0	
超声检测最大幅值（dB）	25.5	11.8	32.5	–3
超声检测 50Hz 相关性（dB）	1.6	–15	–15	–15
超声检测 100Hz 相关性（dB）	1.6	–15	13.4	–15
暂态地电压检测最大幅值（dB）	3	3	4	3
特高频检测	未检测到明显放电图谱	未检测到明显放电图谱	未检测到明显放电图谱	正常

2.2　缺陷分析

由上述检测数据可知，仅超声波局部放电检测检测到明显异常值（空气式传感器），并根据幅值定位法及超声波传播方向性较强这一特性，判断放电源来自 35kV 某线 311 断路器柜、某线 312 开关柜母线室，放电类型应为沿面放电。对母线室进行特高频局部放电检测无异常，因母线室所处位置为金属屏蔽结构，电磁波信号难以传出，虽下部可利用观察窗检测，但因沿面放电产生电磁波信号强度较弱，传播过程中衰减较大，仪器无法有效检测。暂态地电压法对开关柜内沿面放电不敏感，故检测无异常。分段 345 断路器柜所测超声异常信号应来自两相邻间隔。

建议结合停电对 35kV 某线 311 断路器柜、某线 312 开关柜进行整体检查，重点对以上两间隔母线室进行清扫、除湿、通风。

3　缺陷现场确认过程

检测人员将某站 35kV 某线 311 断路器柜、某线 312 开关柜局部放电的重大隐患及时汇报变电某室。为防止 35kV 某线 311 断路器柜、某线 312 开关柜内局部放电进一步发展为绝缘闪络击穿，引发设备事故，要求尽快处理缺陷。

2018 年 4 月 25 日，110kV 某站 35kV 某线 311、某线 312、分段 345 停电，为开关柜进行解体抢修做准备。带电检测人员待停电后，对检测结果做进一步核实、验证。经验证，开关柜停电后，异常放电信号消失，超声波局部放电检测正常，证明之前的检测结果正确，缺陷位于 35kV 某线 311 断路器柜、某线 312 开关柜内。

4 隐患处理情况

4 月 25 日早 9 点开工后，将某线 312 开关柜解体查找放电部位，发现 312 柜内三相静触头与母线分支排连接处周围均存在大量潮湿污物，且可见明显的沿面放电痕迹，且其断路器触臂外绝缘可见大量凝露水珠，绝缘表面极其潮湿如图 29－1、图 29－2 所示，其断路器触臂外绝缘可见大量凝露水珠，绝缘表面极其潮湿，如图 29－3 所示。将 35kV 机线 311 断路器柜解体查找放电部位，发现 311 开关柜内三相静触头与母线分支排连接处周围存在不同程度的脏污，如图 29－4 所示。

图 29－1 312 柜内触头盒、母线分支排周围脏污及放电痕迹

图 29－2 312 柜内触头盒、母线分支排周围脏污及放电痕迹

图 29-3 312 柜内断路器触臂外绝缘表面凝露

图 29-4 311 柜内触头盒母线分支排周围脏污及放电痕迹

随后，针对这一情况对开关柜进行了清扫并加热除湿。10 点，对两间隔设备进行交流耐压试验，试验合格。随即恢复送电，并进行带电复测，各项检测均正常。至此，110kV 某站 35kV 某线 311 断路器柜、某线 312 开关柜沿面放电重大隐患处理工作全部结束。

5 经验体会

（1）超声技术是检查开关柜内部局部放电缺陷的有效检测手段，应严格按照周期，并结合设备的实际运行情况开展检测工作，保证设备的健康水平。

（2）开关柜的局部放电检测因各种干扰等因素造成内部故障判断困难，需应用多种测试手段综合判断分析，用以查找故障点，为制定策略提供依据。